高手高招

李飞/著

中国纺织出版社有限公司

图书在版编目（CIP）数据

高手高招 / 李飞著. --北京：中国纺织出版社有限公司，2024.1

ISBN 978-7-5229-1065-9

Ⅰ. ①高… Ⅱ. ①李… Ⅲ. ①成功心理－通俗读物 Ⅳ. ①B848. 4-49

中国国家版本馆CIP数据核字（2023）第235378号

责任编辑：邢雅鑫　　责任校对：王蕙莹　　责任印制：储志伟

中国纺织出版社有限公司出版发行

地址：北京市朝阳区百子湾东里A407号楼　邮政编码：100124

销售电话：010—67004422　传真：010—87155801

http: //www.c-textilep. com

中国纺织出版社天猫旗舰店

官方微博 http://weibo.com/2119887771

三河市天润建兴印务有限公司印刷　各地新华书店经销

2024年1月第1版第1次印刷

开本：710×1000　1/16　印张：15

字数：142千字　定价：52.00元

前言

“以铜为镜，可以正衣冠；以史为镜，可以知兴替；以人为镜，可以明得失。”这是《旧唐书·魏徵传》中，唐太宗因惋惜丞相魏徵的离世而说的一句话。

对照铜镜，可以知道自己的衣冠是否整齐；借鉴历史，可以明了一个国家兴亡的缘由；与优秀的人相比，则能够清楚自己为人处世的对错，从而进行修正。

何其幸运的是，我们是世界上为数不多的拥有延续几千年辉煌文明史的族群之一；我们的祖先又为我们留下了何其浩瀚的史料，让我们能够以史为镜、以人为镜，通过解读历史，借鉴前人的经验，从而更好地应对当下，甚至掌控未来。

从古至今，世界一直在发生着翻天覆地的变化：科技在发展，社会制度在改变，甚至于人们的观念与认知都在不停地更新。但唯有一点，却始终没有多少变化，那便是人性。虽然我们与古人的生活环境天差地别，甚至对许多问题观点迥异，但那些根植于人性深处的特质，却是始终如一的。

从那些精彩纷呈的历史故事中，我们可以看到古人应对世事的高招和立身行事的智慧——

在大业已成时选择激流勇退，从而保全了自身的范蠡告诉我们，懂得约束自己的欲望，才能在得意时仍旧保持清醒的头脑，做出正确的选择。

谦逊有礼，哪怕面对身份低微者也能保持尊重的顾荣告诉我们，勿以善小而不为，细节之处恰恰最能打动人心。

张仪游走列国，一张嘴就能搅动天下风云；蔡泽舌灿莲花，一席话就让对手甘心退位让贤。

王猛交游广泛，在清醒的评估与判断中寻找最佳的合作伙伴；李白豪放不羁，靠惊才绝艳的魅力横扫大唐社交圈。

郭子仪将低调变成最好的保护色，进能建功立业，退能保全身家；勾践甘做马夫，卧薪尝胆，只为来日一雪前耻。

“笨小孩”曾国藩，厚积薄发，靠过硬的实力游走官场；“小跟班”张释之，有胆有谋，智计无双，把领导“管理”得服服帖帖……

子曰：“见贤思齐焉，见不贤而内自省也。”见到有德行的人，应当向其学习、看齐，而见到没有德行的人，则应当自我反省，切莫与之犯一样的错误。

为人处世的道理，其实就是这么简单，懂得见贤思齐，以人为镜，必然就能获得学习与成长。

愿与诸君共勉。

李飞

2023 年 12 月

目录

壹 克己·复礼

——自我约束，方能自我成就

高招一：鸟尽弓藏？看我如何全身而退——萧何 ··· 002

高招二：知进退，识深浅，懂取舍——黄权 ··· 007

高招三：有种格局，叫急流勇退——范蠡 ··· 011

高招四：宁得罪君子，勿得罪小人——杨炎 ··· 016

高招五：口有遮拦，才能远离灾祸——白起 ··· 020

高招六："忍者无敌"，把身段低到尘埃里——娄师德 ··· 023

高招七：坐山观虎斗，等着"捡漏"——盛度 ··· 026

贰 见微·知著

——注重细节，掌握成败关键

高招一：尊重他人，从细节处收服人心——顾荣 … 032

高招二：见微知著，把控全局——裴度 … 036

高招三：从细节处入手，抓住制胜关键——晁错 … 040

高招四：三场“面试”，精准抓住“老板”的心——商鞅 … 045

高招五：一针见血，直戳人心——毛遂 … 049

高招六：细节决定成败——师旷 … 053

叁 能言·善辩

——说话之道，亦是成功之道

高招一：一张嘴，搅动天下风云——张仪 … 058

高招二：巧妙引战，三寸之舌胜于百万雄师——子贡 … 062

高招三：“打动”比“说服”更重要——触龙 … 066

高招四：谈话要抓住要领——邓禹 … 072

高招五：拒绝可以，但得把话说好——萧俛 … 077

高招六：如何正确使用社交语言——赵仓唐 … 082

高招七：找准“痛点”，把话说到对方心坎里——蔡泽 … 090

高招八：找准时机再开口——冯谖 … 094

肆 合纵·连横

——张弛有度，顶尖社交艺术

高招一：在交游中寻找有才能的合作者——王猛 … 100

高招二：有本事才是硬道理——左宗棠 … 105

高招三：人脉就是最好的投资——胡雪岩 … 111

高招四：社交也是领导力——韩安国 … 116

高招五：始于颜值，陷于才华——李白 … 122

伍 藏锋·守拙

——大音希声，一鸣必定惊人

高招一：看似默默无闻，实则不可或缺——鲁肃 … 130

高招二：成于锋芒内敛，败于骄狂自大——公孙氏 … 136

高招三：低调是最好的保护色——郭子仪 … 142

高招四：聪明的示弱，是为了更长远的未来——赵佗 … 147

高招五：国王当马夫，复国大业成——勾践 … 154

高招六：“不完美”才是最好的保护色——王翦 … 158

高招七：韬光养晦，才能一飞冲天——李斯 … 162

陆 乘风·借力

——凭风而起，扶摇直上万里

高招一：借风使力，弯道超车——陈平 … 168

高招二：打造高质量“朋友圈”——卢绾 … 175

高招三：把一手烂牌，打出精彩结局——刘皇后 … 180

高招四：抓住机会，借势而上——随何 … 189

高招五：投桃报李，朋友是你的最大依靠——管仲 … 194

柒 知人·阅世

——多智善谋，遇事迎刃而解

高招一：厚积薄发，打造过人的“硬实力”——曾国藩 … 200

高招二：有理有据，掐灭领导的“一时兴起”——张释之 … 207

高招三：运筹帷幄，完成“不可能完成的任务”——丁谓 … 211

高招四：加剧矛盾，从内部瓦解敌人——张登 … 215

高招五：提高门槛，让危机化解于无形——颜率 … 218

高招六：洞悉人性，提防“馅饼”背后的陷阱——南文子 … 222

高招七：建立功业，也要洞察人情——田忌 … 226

壹

克己·复礼

——自我约束，方能自我成就

高招一：

鸟尽弓藏？看我如何全身而退——萧何

团队中有两种关系最微妙：一是效忠，二是服从。二者都需要权衡应变。“鸟尽弓藏，兔死狗烹”，当你毫无保留地付出的时候，就是你被踢出局的时候。

在团队创业早期，由于核心人员拥有共同的奋斗目标，因而他们能够彼此坦诚，形成向心力。但团队的发展要经过若干个阶段，一旦完成创业，想要让事业发展壮大乃至独占鳌头时，团队内部就会产生新的纷争，甚至走向分裂。

刘邦创业团队中的初始成员当然是他的铁哥们儿，如萧何、周勃、曹参、卢绾、夏侯婴、樊哙等。至于张良、韩信，只能算是半道加盟，彭越、英布等则几乎算是合伙人。后来，韩信拥有了与老板分庭抗礼的力量，即变为半合伙人的性质。刘邦在称帝初期，便将这个半合伙人淘汰出局了。那么，那些持有“原始股”，最早帮助刘邦打天下的伙伴，结局又如何呢？

这些人中，结局最具代表性的当属萧何与卢绾：前者是成功的代表，后者是失败的典型。这其实反映了下属与领导相处的智慧。

萧何是刘邦起家团队中最具管理才能的人。从刘邦沛县起义开始，萧何就承担了刘邦事业发展中的钱粮筹划、人员调配、物资输送等重要工作，堪称合格的经理人。当然，这些仅是其中一部分。

在人才引进和战略规划上，萧何同样功不可没。他为刘邦引荐了精英人才韩信，从而助力刘邦的事业一日千里。当刘邦大军进入咸阳，团队中的大多数成员沉浸在成功的喜悦中时，萧何却想好了帝国的发展道路，率先将秦朝有关国家户籍、地形、法令等的图书档案收集起来，为团队日后的长远发展做准备。

按理说，以萧何的才能，以及他追随刘邦多年的忠诚，刘邦对他应该有足够的信任才对，事实却不然。因为所谓忠诚，尤其是建立在权力关系下的忠诚，往往与利益挂钩。

刘邦被封为汉王后，事业上取得了阶段性成功，当年追随刘邦的团队成员也都成长为各自领域的大佬，在权力场中有了自己的地位。他们既能效命于刘邦，当然也能效命于项羽。项羽的大将、被封为九江王的英布，不就投靠了刘邦吗？所以，在楚汉争霸战中，坐镇关中的萧何源源不断地为前线的刘邦输送物资和兵员，使得刘邦每次战败后都能很快回血，但是刘邦依旧对他存有怀疑，多次派使者慰劳——所谓慰劳，其实是一种政治监督。萧何的门客提醒他，应该派遣能从军的子侄兄弟到刘邦身边，在军前效力。对此，萧何心领神会，也立刻照做了。

《史记 · 萧相国世家》中记载，萧何家的子弟到了军前，“汉王大悦”。很显然，萧何自送子弟为质，是为了取信于刘邦。刘邦当然会意，此后便不再派人慰劳了。让领导释疑，但不显山露水，这就是萧何的智慧。

汉王朝建立后，萧何功劳最大，封户数最多，并以出众的管理才能，成为丞相的不二人选。大定天下后，刘邦先后将韩信、彭越和英布清除出局。在刘邦亲征英布时，萧何与太子留守后方。与楚汉之争最危险的时期一样，刘邦即便是在最忙碌的时候，也不忘问来自长安的使者一句：“丞相在做什么？”使者如实回答：“丞相除了兢兢业业地工作外，还善于安抚百姓，在百姓中有好的名声。”听了这话，刘邦默然无语。

按理来说，下属恪尽职守，领导在和不在一个样，这样的好员工，不应该得到几句口头表扬吗？刘邦为何反而默然无语呢？这反映了领导者的思考方式。萧何已是一人之下、万人之上，不但熟知权力运作模式，而且手上有兵有钱，如果他要造反，缺的是什么呢？当然是号召力。号召力从哪里来呢？当然是道德魅力。他在百姓中有好的名声，那不就意味着他颇具道德魅力吗？这能不让刘邦沉默无语吗？

萧何与刘邦之间的这层嫌隙，有没有人看出来呢？

有。萧何有个名叫召平的门客，原来是秦朝的东陵侯，当别人都在为萧何备受皇帝信任而祝贺时，他却穿了一身孝服。萧何斥责他没有规矩，他却告诉萧何：“你的死期不远了。”萧何大吃一惊，恭敬地询问，召平陈说了其中的利害。萧何能走到这一步，当然是一点就透的，于是立刻向召平请教如何化解危机。召平给他的对策只有两个字：自污。

何谓自污呢？就是败坏自己的名声。自此，萧何开始抢占民田，做一些伤害民众的事。《史记》中记载“上乃大悦”，刘邦这才放了心。

凯旋的刘邦，在路上遇到的都是告御状的苦主，且矛头都直指萧何。于是刘邦责问萧何：“我封了你那么多的地，你为何还抢占百姓土地？快快去向百姓请罪！”萧何当然知道戏还得演下去，于是吞下的土地是吐出来了，但他又向刘邦请命，说长安地狭人多，皇帝应该把自己的园林让出来，交给百姓耕种。刘邦认为萧何是收了商人的好处才这样说的，于是将萧何投入监狱，命令廷尉审判。当然，刘邦很快就回过味儿来，将萧何放了出来，让其官复原职。

在这种微妙的关系中，看似是刘邦拿捏有方，实则是萧何应对有余。也正是因为萧何高招频出，一次次打消刘邦的怀疑，他才能成为在为刘邦立下汗马功劳的臣子中，罕有的获得善终者之一。反观燕王卢绾，他与刘邦同年同月同日生，而且是同窗，可谓妥妥的发小。即使在刘邦最落魄、到处躲藏的时期，卢绾也没有放弃他。比之萧何、曹参那些人，他与刘邦可谓亲如骨肉。从能力上说，他也并不弱，还立了不少功劳，成了沛丰集团中唯一被封王的。然而，就是这么一个备受刘邦信任的人，最后却因被加上谋反的罪名而不得不逃窜到蛮荒之地。

卢绾的封国与匈奴接壤。在陈豨叛乱事件中，为了拉卢绾下水，陈豨集团说服了卢绾的属下张胜。就这样，卢绾一步步走到与刘邦对抗的局面。实际上，卢绾未见得真有反心，他在遭到汉军进攻的情况下率领人马逃到长城外，还希望能获得当面向刘邦解释的机会。直到听说刘邦驾崩，自知吕后不会容他，这才投奔匈奴，并郁郁而终。卢绾的错，就在于他未能处理好与刘邦之间的信任问题。身为一方诸侯，本就让老大不放心，加之管不好自己的属下，以致其到处给自己挖坑，能不败亡吗？

高招二：
知进退，识深浅，懂取舍——黄权

人生，一味退缩，终会退无可退；只知前进，也难免会有去无回。需要做到三点：一知进退，二识深浅，三懂取舍。

高手高招

黄权早年在巴西郡担任低级官员，后来得到益州最高行政长官刘璋的赏识，被征召为主簿，相当于秘书长。

黄权很有远见，当得知刘璋准备引刘备入川来抵御汉中的张鲁时，他就曾极力反对。他对刘璋说：“刘备和他的属下骁勇善战，引他入川后，如果把他当下属，则无法满足其心愿；如果把他当宾客，则恐有一国二主之患——如果宾客稳如泰山，则主人危如累卵。将刘备引来，很危险啊！”然而，刘璋不仅没有听黄权的忠告，反而将他外派到广汉当县令。

刘备入川后，果然如黄权所料，反客为主，夺取益州。刘备的大军进攻广汉时，黄权闭门不降，后来因主公刘璋投降，他也只得投降。刘备让刘璋驻守荆州，逐渐将他边缘化。对于黄权，刘备非常欣赏他的才能和志节，封他为偏将军。

建安二十年（215 年），曹操南征张鲁，黄权对刘备说：“汉中好比蜀地的大腿和手臂，如果汉中被曹操占领，我们就危险了。”刘备认为黄权很有远见，便任命他为中护军。之后，刘备攻破巴郡首领杜濩、朴胡部族，又发动汉中之战，在定军山斩杀曹操的大将夏侯渊，进而占领汉中。这一切，都是黄权在背后出谋划策。

章武元年（221 年），刘备称帝，准备讨伐东吴。黄权认为这个行动从战略上来说过于草率：蜀汉军队在上游，顺流而下，易进而不易退。他请求率领前锋做试探性进攻，让刘备坐镇后方，伺机而动。刘备未采纳他的建议，而是任命他为镇北将军，率领江北军队监视曹魏动向，避免自己进攻东吴时被曹魏从后方攻击。

事实再次证明了黄权敏锐的洞察力。刘备的大军在夷陵遭到陆逊的火攻，精锐尽丧，败退到白帝城。与此同时，黄权返回蜀地的道路也被吴军阻断。面对这种局面，相较于投降当时的仇敌东吴，投降曹魏对蜀汉的伤害较轻，因而黄权率军投降了曹魏。

蜀汉方面得知黄权的举动后，有人便劝刘备逮捕黄权的家人。刘备说："是我辜负了黄权，并不是黄权辜负了我。"他对黄权的家人依旧如初。

魏文帝曹丕问黄权："你舍弃刘备归顺于我，是效仿从前的贤人韩信、陈平吗？"

黄权回答道："我受到刘备的隆遇，本无意离开他；只因道路阻断才无奈来降。况且败军之将，怎能与贤人相比呢？"

曹丕认为黄权内心淳厚，是难得的人才，因而任命他为镇南将军，封育阳侯，加侍中。值得一提的是，在魏晋时期，往往对重臣才加侍中衔，可见曹丕对黄权的重视。

过了一段时间，有传言说刘备杀了黄权留在蜀中的家人。曹丕以此来看黄权的反应，黄权说："我与刘备、诸葛亮坦诚相待，早已表明志节，现在情况不明，还是等等看吧！"因此，他拒绝发丧。后来传来确切消息，果然证实黄权的判断是准确的。曹丕越发雅重黄权，认为他气宇不凡。

魏明帝曹叡登基后，更加看重黄权。景初三年（239年），黄权被升为车骑将军、开府仪同三司，成了位比三公的重号将军。

黄权有韬略，又善于治理民政，对于上司的问询，每每对答如流，多次获得嘉奖，因而即便是到了司马氏掌权的时代，他依旧在朝堂上享有高位。

正始元年（240年），黄权病逝，魏帝曹芳下诏建祠纪念他。在纷乱的三国时代，大将一旦被俘，极有可能身败名裂。前有于禁，后有糜芳，他们虽然保全了性命，但是终生背负耻辱，最终郁郁而死。黄权则不同，无论是在蜀汉，还是在曹魏，乃至在司马氏掌权的后曹魏时代，他都始终备受尊崇。进取有建树，退而能全身，这是十分罕见的。一方面是因为他强大的治世之才，另一方面也与他巧于应对不无关系。

高招三：

有种格局，叫急流勇退——范蠡

成功之前的寂寞是难免的，一个人在寂寞时所做的事，决定了他和别人根本的不同。

范蠡是春秋时期越国的大臣，也是越王勾践灭吴称霸的首席谋主。然而，事业成功后，他却急流勇退，从热闹与繁华中抽离，换了一种身份继续生活。无论是何种身份、从事什么行业，范蠡都能取得一番成就，其中很重要的一个原因是：他懂得人性，知道什么时候应该“退”。退不是一种消极的人生态度，而是在理解大形势的前提下重启生活。

春秋时期的吴国和越国经常互相攻伐，冲突由来已久。吴王阖闾十年（公元前 505 年），越王允常得知吴国大军占领楚国都城郢都，吴国空虚，便趁机攻入吴国境内。越王勾践元年（公元前 496 年），吴王阖闾得知越王允常死亡，当即进攻越国，新即位的越王勾践在檇李（今浙江嘉兴南）御敌，命令三排囚徒徒步前行，在吴军前自杀身亡。吴军被这一幕震撼，越军则趁机发动偷袭，最终吴军大败，吴王阖闾的大脚趾被越军砍了下来。吴王阖闾赶紧撤离，结果因为脚伤不治而死，临死前嘱托儿子夫差为自己报仇。吴、越由此成为死敌。

越王勾践三年（公元前 494 年），勾践不听大夫范蠡的劝谏，先发制人，率军进攻吴国。吴王夫差得知后，号令精兵全部出动，两军大战于夫椒。越军不敌，大败，仅剩五千余士兵退守会稽山（今浙江绍兴南）。吴王夫差乘胜追击，将越军包围在山上。面对这种困境，越王勾践诚恳地向范蠡道歉，并请教破解之法。史书记载了他们的这段对话：

越王谓范蠡曰：“以不听子故至于此，为之奈何？”蠡对曰：“持满者与天，定倾者与人，节事者以地。卑辞厚礼以遗之，不许，而身与之市。”勾践曰:“诺。”乃令大夫文种行成于吴。

范蠡建议越王勾践向夫差赠送大量美女、财宝，并且亲自服侍夫差，表示臣服，以获得吴国的信任，进而彻底麻痹吴国。这是因为，就当时的国力来说，吴国强，越国弱，越国要想翻身，首先得活下去，正所谓“留得青山在，不怕没柴烧”。勾践接受了范蠡的建议，此后也对他言听计从。就这样，君臣二人像奴隶一样，在吴国忍辱负重三年，得到了夫差的信任，被放回越国。

回到越国后，勾践卧薪尝胆，亲自耕种，与百姓一起生产，提升国力和凝聚力。范蠡向越王勾践推荐了政治精英文种，并说:“打仗和谋略这种事，文种不如我；但是治理民生，增加收入，我不如文种。”勾践于是就将国政完全委托给文种，由他来处理国家大事。

在国家建设上，范蠡向勾践提出了一系列建议：在农业上，劝课农桑，积攒谷米，不在农时征百姓服劳役，不滥用民力；在吏治上，罢黜危害百姓的官，重用百姓爱戴的官；在军事上，重视士兵训练，提高士兵战斗力，组织专门攻坚的死士。为了进一步麻痹吴王夫差，越国经常送重礼和美女，使得夫差以为越国已经完全成了臣服于自己的附属国。

时间就这样过了一年又一年。越王勾践准备讨伐吴国报仇，但遭到了范蠡的反对。范蠡认为，越国必须继续韬光养晦，实现“十年生聚”，成为真正的强国，不然无法一举击败吴国。两年后，吴国进攻齐国，在艾陵战胜了齐军。当时，吴国君臣已经起了嫌隙，夫差赐给名臣伍子胥一把属镂剑，逼其自杀。这让越王勾践看到了报仇的机会，急切地问范蠡："现在是报仇的时候吗？"范蠡依旧持否定态度。

公元前482年，吴王夫差率领精锐的大军到达黄池，与诸侯会盟，国内由太子留守，防卫力量只有老弱残兵。勾践又问范蠡："现在可以报仇了吗？"范蠡回答："是时候了。"趁着吴国空虚，越国发兵攻击。正被诸侯们奉为霸主而飘飘然的夫差，得到消息后虽然恼怒，但也没有办法，只好私下让人带着一笔巨款到越国请求罢兵。越国不敢轻视吴国的强大实力，便同意了他的罢兵请求。越国的这一次进攻带有试探的性质，吴国没有反击而是送钱，这证明双方的实力已经发生变化。

公元前478年，越国讨伐吴国，两军激战于吴松江，吴军战败。这是越国第一次面对强敌时取得胜利。三年后，越国实力已经彻底压过吴国，对吴国大举用兵，但围而不攻，使得吴国大军溃败。又过了两年，在范蠡的指挥下，越军杀进吴国，夫差自杀，吴国灭亡。

在越国的复国与复仇之战中，范蠡堪称第一功臣。在群雄称霸中，他又辅佐勾践扬威东方诸国，压了晋国、齐国等一头，成为春秋时期最后一位霸主。然而，范蠡不久便辞官而去，临走前给大夫文种留下一封信，希望他能和自己一起离去。文种很不理解范蠡的做法，如今功业已成，正是享受富贵之时，为何要离开庙堂呢？过了不久，越王勾践赐予文种一柄宝剑。文种仔细一看，正是当年吴王夫差赐予伍子胥自尽的“属镂剑”。此刻他明白了勾践的意思，后悔没有早听范蠡的话，只好拔剑自杀。

范蠡离开越国后，渡海到了齐国，改名鸱夷子皮。由于善于治理产业，他很快就成了一个大富翁。齐国人觉得他很贤明，就将他推荐给齐国国君，让他担任相国。范蠡叹息着说：“居家就能达千金之富，居官就能做到卿相，这是普通人所能达到的极点了。一个人拥有财富又享有盛名，这是不祥的。”因而他尽散家财，将其分给邻居和乡党，然后辞官离去。

范蠡到了陶这个地方，自称陶朱公，做起了生意。没过几年，他又成了一个超级大富翁。在后世，陶朱公被神化为财神。范蠡善于谋略、经营，为官能做到仕途的极点，经营产业则很快就富可敌国。他一生三次散尽财产，离开官场，从盛名之中退出，这正是他的高明之处。若非及时抽身，又怎能在这春秋乱世中保全身家性命，安然无虞地度过一生呢？恐怕等待他的就是和文种一样的结局了。

高招四：

宁得罪君子，勿得罪小人——杨炎

古人言："不慎而始，而祸其终。"没有谨慎的开始，就容易为将来埋下祸患。想要走好人生的每一步，就应学会行敏言慎、步步为营。

唐朝时候，杨炎与卢杞二人同时出任宰相。杨炎善于理财，文章也写得极好；卢杞除了巧言善辩之外，别无所长，不仅如此，他还十分嫉贤妒能，尤其擅长做局陷害他人。除此之外，杨炎与卢杞在外表上也有很大不同。杨炎是个貌比潘安的男子，仪表堂堂；卢杞的脸上却有一大片蓝色的痣斑，相貌十分丑陋。

平日里，卢杞并不注重衣穿用度，穿得很朴素，吃得也不讲究，可以说是粗衣砺食。人们都以为他素有祖风，继承了祖父卢怀慎清廉俭朴的好品德。然而实际上，卢杞是一个善于揣摩人意、很有心计的人，貌似恭谨，实则奸诈，容易骗取别人的信任。

同在政事堂办公，杨炎和卢杞两个人难免要在一起吃饭。但杨炎却不愿意和卢杞同桌而食，经常找借口在别处单独吃饭。有人就趁机对卢杞说："杨大人看不起你，不愿意跟你在一起吃饭。"卢杞听了之后便怀恨在心，准备先从杨炎的下属下手。他处心积虑地挑杨炎下属的过错，然后上奏皇帝。

杨炎得知后愤愤不平，说道："我手下的人有什么过错自然由我来处理，如果我没处理，大家可以一起商量，他为什么瞒着我暗中向皇上打小报告呢？"这话很快就被有心之人通报给卢杞。于是，两人的隔阂越来越深，总是对着干。

当时有一个藩镇将领梁崇义发动叛乱，德宗皇帝命令藩镇李希烈去讨伐。对此，杨炎不同意，说："李希烈此人杀害了他的养父，夺得养父职位，可见他为人残暴无情，没有功劳却藐视朝廷，不遵守法律。若是让他在平定梁崇义这件事上立了功，恐怕以后就更不好控制了。”

德宗却已经下定决心，对杨炎说：“此事不需你来操心了！”杨炎不明就里，仍旧据理力争，最后甚至和皇帝僵持起来。

适逢天降大雨，李希烈一直没有出兵，卢杞意识到，这是扳倒杨炎的好时机，于是便对德宗皇帝说：“李希烈之所以拖延不肯出兵，就是因为听说杨炎反对他，他不肯全心全意为您办事。陛下何必为了保全杨炎的面子而影响平定叛军的大事呢？不如暂时免去杨炎宰相的职位，让李希烈宽心。等到叛军平定以后，再重新起用杨炎，也没有什么大关系！”

德宗皇帝听信卢杞的谗言，真的免去了杨炎的职务。从此，卢杞独掌大权，杨炎自然在他的管辖之中。为了避免杨炎东山再起，卢杞开始找杨炎的茬儿，伺机整治他。

杨炎在长安曲江池边为祖先建造祠庙，卢杞便诬蔑他说：“那块地方是玄宗皇帝游幸之地，有帝王之气，玄宗年间，宰相萧嵩想在那里建立家庙，玄宗皇帝不同意，令他迁走。现在杨炎又故技重施，必定怀有篡位的野心。”

这本来是一个完全站不住脚的理由。试想，唐王朝历代皇帝到过的地方不在少数，如果皇帝去过的地方别人不能立庙，立庙就是有“异图”，那还了得？但当时德宗本就对杨炎心存芥蒂，一听这话，顿时火冒三丈，直接下令把杨炎贬去崖州，之后又找了个借口，直接把杨炎处死了。

一个位高权重的宰相，既没有贪赃纳贿，也不曾枉法渎职，却落得这样一个悲惨的结局，实在令人唏嘘。杨炎的悲剧，说起来，最初的起因不过就是他不拘小节，说话做事不够谨慎，把对卢杞的蔑视表现在了明处，得罪了小人。可见，为人处世，应当敏于行、慎于言，这样才能避免过失，远离祸端。

相比之下，大将郭子仪就谨慎多了。每次会见客人的时候，郭子仪都会让很多侍女陪伴左右。但只要一听说是卢杞来了，郭子仪就会命令侍女全部回避。他的家人和下属都不明所以，郭子仪解释道："卢杞容貌丑陋，许多人见了都忍不住露出异色。他这人偏偏又心胸狭隘，我若是不叫侍女回避，她们会忍不住嘲笑他，卢杞必定会怀恨在心，等他将来得志，我们全家就要倒霉了。"正是因为郭子仪行事谨言慎行，最终才没有为小人所害。

可见，为人处世，一定要谨慎克己。正所谓"说者无意，听者有心"，有时在你看来无关紧要的一句话，却可能成为插在别人心口的一根刺。所以，说话前要多想一想，权衡利弊之后，再把话从嘴里说出来。时刻保持机警，少言多思，这样才能少走弯路、少犯错误。

高招五：

口有遮拦，才能远离灾祸——白起

为人处世要注意自己言行中的每一个细节，这样才能确保我们的名节不会受损。谨言慎行，方能远离灾祸。

战国时期，秦国大将白起是行伍出身，擅长用兵。秦昭襄王十三年（公元前 294 年），他凭借自己的军事才能，从底层的士兵一路升至秦国的“左庶长”。

随后白起统率大军进攻韩国新城（今河南伊川县西），由于战功卓著，第二年就由第十级的“左庶长”升到第十二级的“左更”。这时，他再次出兵攻打韩、魏，并将韩魏大军全部歼灭，攻陷了五座城池，还俘虏了敌军大将公孙喜。这次大胜使白起一路升至秦国国君之下的最高军事长官“国尉”。之后，白起又率兵横渡黄河，攻占了韩国安邑（今山西夏县西北）以东到乾河的大片土地。

又过了一年，白起官位升至第十六级“大良造”。同年，他再次率兵攻打魏国，占领了大小城池共六十一座。秦昭襄王四十七年（公元前 260 年），白起迎来了对他人生影响最大的战斗——长平之战。由于战功显赫，他被任命为“上将军”。

然而，就是这个一路顺风顺水的大将军，却因自己的一句失言彻底葬送了前程，最后连性命都搭上了。

秦昭襄王四十九年（公元前 258 年），秦昭襄王想要攻打赵国，于是就派人去请白起，没想到却遭到白起的拒绝。白起认为，赵国在亡国的压力下，全国上下全力备战两年，这无疑是针对秦国而为，因此，现在并不是攻打赵国的最佳时机。

可秦昭襄王求胜心切，于是又派范雎去请，但白起依然拒绝出山。

秦昭襄王听了范雎的回报，大为生气，认为白起是故意在跟自己过不去，就下令免去白起的官职，把他赶出咸阳。

白起遭到贬谪后很不高兴，忍不住发火说：“把我赶出咸阳，还不如处死我呢！”这句话传到秦昭襄王耳里，他怒火更炽，下令赐白起自杀。

白起拔剑自刎时，不禁叹道：“我哪里有罪呢？”想了想，白起又叹息说，“我的确该死，长平一战，我活埋赵军降将几十万人，这就足够把我千刀万剐了！”

俗话说“伴君如伴虎”，稍有不慎就可能脑袋搬家。白起本可以避免成为众矢之的，可以偏安一隅，伺机而动，但就因为一句无心之叹，最后连身家性命都丢了。可见，慎重则必成，轻发则多败。凡事三思而后行，谨慎行事，才能让自己少犯遗恨终生的错误。

不同的人有不同的个性，不同的上位者也有不同的逆鳞。与人相处，尤其是与比自己地位高的人相处，一定要学会多观察、多考量，摸清对方的性格与喜好，避免触及对方的禁忌和“雷区”，这样才能避免遭人记恨。尤其在言谈举止方面，一定要三思而后行，学会说话给人留余地，没有合适的理由时不应当面拒绝他人。做事要想后果，不能只图一时痛快。成功是规划出来的，我们做的每一个决定，都可能对我们的未来人生产生不可估量的影响。因此，无论何时，不管说话还是做事，都要考虑到方方面面的情况，尽可能不留下纰漏和把柄。与其事后再想办法补救，不如在行动之前就多动脑筋考虑一二，将一切问题都扼杀在摇篮之中。

高招六：

“忍者无敌”，把身段低到尘埃里——娄师德

做人当有胸怀，有容人之量，学会把身段放低，这样才能更好地发挥仁爱之道，大事化小，小事化了。

唐朝武则天时期，娄师德高居宰辅之位。他是一个严于律己、有包容心的人。他的弟弟要出任代州刺史，临走前，娄师德对他说：“我现在担任宰相，而你又要出任代州刺史，咱们从皇上那里得到了太多恩惠，对此，很多人难免会嫉妒。你有什么好的解决办法吗？”

娄师德的弟弟跪下说道：“从今以后，就算有人朝我的脸上吐口水，我也只是轻轻擦掉，不会记恨，不会让兄长为我担心的。”

娄师德正色道：“这也正是我所担心的。别人向你吐口水，是因为他们心有怨恨。如果你在当时就把口水擦掉，恰恰违背了他们的意愿，如此一来，只会加重他们的怨恨。所以，如果真的有这样的情况发生，千万不要擦掉它，而要微笑着接受，然后等待口水自然风干。”

娄师德的这番话听起来不免有些窝囊，然而事实上，结合时代背景就会发现，这其实正是他为人处世与众不同的表现，是真正的君子所为。娄师德不仅教育弟弟要学会忍让，更是这样严格要求自己的。当有人得罪他时，他也是采取退让的态度，进行自我反省，而不是打击报复对方。

一次，娄师德和当朝宰相李昭德一起出门。因为娄师德身体肥胖，所以走路速度比较慢，李昭德嫌娄师德走得太慢，就非常生气地说：“哎，我被耕田的汉子给耽搁了。”娄师德听出他是在讥讽自己，但是毫不生气，反而笑着对李昭德说：“要是我不做耕田的汉子，那还有谁愿意去做呢？”

娄师德这样一说，李绍德反倒自己觉得很不好意思了。

有人说这是娄师德懦弱无能的表现，或者说他是惺惺作态的伪君子。其实不然，这正是娄师德的高明之处，也是他仁爱宽恕的最好表现。在武则天统治的朝代，有多少忠正贤能之士，或遭罢贬，或被流放，或陷死罪以致诛全族，连狄仁杰这样的忠义之臣也差点儿丧命，偏偏娄师德却得以在宰相之位善终，可见其招数之高明。

人生在世，一时的英勇虽然能带来一时的爽快，却也可能造成无法承受的恶果。有时候，学会宽容一些，退让一步，或许就能让许多矛盾消弭于无形。尤其是在人际关系日趋复杂的当今社会，我们更应该学习娄师德的仁爱宽恕之法，圆滑处世，不计他人小过，这样才能让自己的事业之道越拓越宽，人生之路越走越稳。

儒家重视修身，讲仁爱，孔子曰:“仁者，爱人。”他的学生曾参也说:“夫子之道，忠恕而已矣。”墨家倡导兼爱，道家则主张无争，老子就说过:“夫唯不争，故天下莫能与之争。”佛家更是讲究慈悲为怀，以德报怨。儒、释、道理念不同，但在仁爱宽恕这一点上，却惊人的相似，这不能不让人深思。

高招七：

坐山观虎斗，等着“捡漏”——盛度

历史上的名臣贤士们，在成就大事之前，大多经历过一段隐忍苦难的时期，也唯有能屈能伸之人，才能走过这段黑暗与荆棘的道路，最终推开成功的大门。

为了实现自己的政治抱负，每个人会采用不同的手段。北宋的著名大臣盛度，则选择了“隐忍”。隐忍，让他躲过了政界的黑暗斗争，让他坐收渔翁之利，从此一飞冲天。在表面的懦弱之下，盛度靠着他的深层智慧，一步步走向了权力的中心。

北宋仁宗年间，王曾、吕夷简两人做宰相，宋绶、蔡齐、盛度三人任参知政事。参知政事是副相，但蔡齐和宋绶分别得到王曾和吕夷简的赏识，因此也颇受众人尊重。

与这二人相比，盛度的境遇却差了许多。他不受王和吕的重视，着实成了一个有职无权的人，文武百官也没把他放在眼里。为此，盛度的朋友劝导他说：“你虽居高位，却有名无实，这样怎么可以呢？你要想办法和你的顶头上司王曾、吕夷简建立更深的情谊。”

盛度却不着急，只是心平气和地说：“我知道自己并不讨二位宰相的欢心，也无法改变他们内心对我的偏见，只能耐心等待时机，来证明我的一片真心。若是耐不住寂寞，和别人一样谄媚行事，那不是更加证明他们对我的偏见是正确的了吗？”

盛度的这种心态，让朋友不由得刮目相看。

面对王曾、吕夷简时，盛度总是十分恭敬，丝毫没有不礼貌的表现。在百官面前，他也总是谦逊地说：“我这个人水平不高，难担重责，如有要事，你们可直接向二位宰相报告。”

一次，宋绶约上蔡齐同去拜见王曾，却毫不理会在旁边的盛度。盛度内心很不是滋味，回家后对家人诉苦说：“同为参知政事，我却遭宋绶当面侮辱，可见弱者难当啊！”

盛度的感慨，自然也引起了家人们的不满。家人说：“您为何要咽下这口气，何不与皇上讲明？您若这样纵容他们，不是更让他们一手遮天了吗？他们结为朋党，不利朝廷，皇上不会充耳不闻的。”

盛度摇了摇头，说：“没有真凭实据，皇上怎会轻易相信？若他们再反咬我一口，我就更加危险了，现在，我只能隐忍。”

在外人看来，盛度的隐忍，简直到了懦弱的地步！但他的这种行为，也让宋绶、蔡齐觉得他乖巧听话，一直不曾把他当作敌人。以致后来，当王曾想罢免盛度的官职时，宋绶和蔡齐都表示反对。他们说：“大人不喜欢盛度，也不一定非要赶他下台。他这个人很识趣，从来不和我们争权，自然不会给大人添麻烦。倘若换上来个较劲的，惹大人生气不说，恐怕很多事上都别扭，这又何苦呢？”

王曾接受了他俩的建议，不再盯着盛度不放。盛度闻知此事有所触动，在外表上对他们更加恭敬。不过，有人却替盛度打抱不平，对仁宗说了盛度被排挤的事。仁宗于是当面质问盛度：“你是国家重臣，凡事要坚持正义，听说有人压制你，有这事吗？”

听到宋仁宗如此询问，盛度立刻明白有人在皇上面前说了什么，但他依旧坚定地答道：“根本没有此事，皇上不要偏信。我知道自己能力不济，所以凡事都与同僚相商，这也是怕逞强误国啊。如果这样不对，就只能怪我愚钝了。”

盛度的话，让宋仁宗非常满意，转而称赞王曾等人。不过，王曾、吕夷简却没有就此完全放心，不时仍对盛度进行或明或暗的威胁。

这种环境，让盛度不禁有些疲惫。于是，他对家人说：“一个人活在世上，若保全不了家小，就是最大的失败。我现在处境艰难，不如引退吧！”

家人鼓励他说：“您能力非凡，可不要为了我们而放弃志向啊。您苦熬多年，还不是为了出人头地？只要耐心等待，您一定能实现自己的抱负的！”

不久，王曾和吕夷简产生矛盾。因为盛度对二人都不曾得罪，所以双方都想拉拢他。这时候，盛度对家人说：“朋党之争是朝廷大患，这样搞下去，不仅两败俱伤，更对朝廷不利，我当劝谏皇上。”

争斗到最后，王曾、吕夷简杀红了眼，二人竟同时向仁宗递上奏章，请求退职外任，以示不能并立。仁宗十分惊骇，疑窦丛生，便召见了盛度，询问道：“二位宰相都提出外任之请，你知道其中的原因吗？”

此时盛度知道，自己的机会来了，于是不再唯唯诺诺，朗声说道：“宰相大人心中所想，臣也不大清楚，不过臣有一法，只要陛下依之而行，便可知道真相。”

仁宗催他快说，盛度故作迟疑，慢吞吞地说：“听说二位宰相各有朋党，他们的争斗也与此有关，臣不敢妄加揣测，陛下何不询问他俩谁可做他们的继任，这样就真相大白了。”

仁宗若有所思，随后先后向王曾和吕夷简提出这个问题，二人不加防备，随即作答。王曾力谏蔡齐，吕夷简推出宋绶。然后，二人又同时对对方赞许的人加以攻击。

就这样，几人之间的朋党关系浮出水面，毫无保留地展示在仁宗的面前。仁宗大怒，同时罢免了四人的职务。

盛度终于等到了自己的时刻。仁宗命盛度主持朝政，并对百官说：“盛度不依附朋党，长期被压制，这不是他的过错，难得他志向不失，仍尽心为朝廷效力。朕今天重用他，一来可以弥补朕的过失，二来也是对他的褒奖！”

很多时候，个人的力量是渺小的，无力撼动环境与时势，但即使处于夹缝之中，也有适合自己的生存之道。就如盛度，处于政治夹缝之中，的确难以伸直腰杆，但他的隐忍和坚持让他最终迎来了胜利的曙光。

任参政知事的几年里，盛度过得非常痛苦，总是被排挤在权力之外。在朝廷中，他毫无地位，就连比他官职低微的人，都因为身后的朋党靠山，而不把他放在眼里。换作其他人，或许早就选择愤怒地辞官回乡，或是忘记最初的理想，与贪官污吏狼狈为奸、同流合污了。值得庆幸的是，盛度挡住了诱惑，熬过了寂寞，终于等到了属于自己的机会。真正的高招，讲究一击毙命、一招制敌，只有抓住最合适的时机，才能发挥最大的力量。

忍得住寂寞的人，才能活出属于自己的精彩与热闹。从弱小到强大，是需要时间与过程的。只有那些能屈能伸、坚持到底的人，才能终成大器。

贰

见微·知著

——注重细节，掌握成败关键

高招一：

尊重他人，从细节处收服人心——顾荣

越优秀的人，越会保全他人的体面，让人感到舒服。只要他人有一技之长，就不能轻视他。眼界太窄，看不到他人的长处，关键时刻身边难免无人可用。

顾荣出身吴郡四大姓“顾、陆、朱、张”中的顾氏，祖父是东吴丞相顾雍，父亲是宜都太守顾穆，从小接受了良好的教育。西晋灭吴，顾荣和江南士族一起迁到洛阳，仕于西晋王朝。由于顾家在江南为士族领袖，故而到了洛阳后，他得到了北方士族的青睐，受到举荐，在朝中担任要职。顾荣很有父、祖的名士风度，不会因出身显赫就轻视寒门之人，因而很受人们的尊重。

西晋一统三国后，上层迅速腐化，贵族们终日饮宴。顾荣先后在赵王司马伦、齐王司马冏、长沙王司马乂、成都王司马颖、东海王司马越五位亲王执政时出任朝官，目睹了年轻王爷们为夺权而相互残杀的场面，因而非常失望。他出身政治世家，但在黑暗的政治环境里毫无作为，只能终日饮酒以避祸，免得成为政治炮灰。

一次，顾荣受邀参加一个高级别的宴会，与会的都是洛阳的达官贵人。主人准备了丰盛的宴席，每个客人都有仆人侍候。有个高大的男仆负责为顾荣烤肉。顾荣看到那人紧紧盯着烤肉，很是眼馋的样子，就将自己的那一份赠予他。贵族高官们看到他的举动，都笑了起来，认为他这样做有失身份。但顾荣不以为意，还说：“岂有终日制作烤肉却尝不到肉味的人呢？”然后，又将一壶酒赠予那人。

当时，世家大族的地位极高，一些非世家出身的官员，连与世家同席而坐的机会都没有，更不要说仆人了，他们与世家子弟在社会上所受的待遇可谓天壤之别。但顾荣不这样认为，在他看来，即便只是宴席上的侍者，也应当获得尊重。

高手高招

八王之乱，导致整个北方社会开始衰败，北方大族渡江到南方寻求生存空间，这就是著名的“衣冠南渡”。当年与顾荣一起饮酒的贵族们，多死于战乱之中和流亡路上。逃亡的顾荣发现每当自己遭难，都有一个高大的身影帮助自己。顾荣感到奇怪，就拉住那人询问。那人说：“我正是您在宴席上赠予烤肉的人啊！”

“勿以善小而不为”，顾荣正是因为当年的一个小小善举，才得以保全性命。永嘉元年（307 年），琅琊王司马睿移镇建业（今江苏南京），顾荣被任命为军司马。由于顾氏家族百余年来在江南树立的人望，这个初具规模的小政权对顾荣十分尊崇。顾荣也不负所望，推荐江南大批人才为官，这为东晋的建立奠定了重要的人才基础。后来，顾荣去世，晋元帝司马睿追赠他为侍中、骠骑将军、开府仪同三司。

顾荣虽出身高门大族，但是没有世家子弟的轻薄浮华，不看重浮名，能够折节与比自己身份低的人结交，这很可能是受到祖父顾雍的影响。他举荐人，看重才能，不看重身份，故而能够选拔出一批真正的人才。他很清楚，西晋一统全国后之所以很快从内部瓦解，导致永嘉之祸，神州陆沉，根本问题在于人心腐坏，士族阶层整体堕落，重出身而轻才能，导致掌管枢机的是一群无才无德之人。

顾荣对仆人的态度，实际上反映了他在社交中秉持的一个理念，那就是不轻视比自己社会地位低的人，认为即便是仆人，也有可取之处。事实证明，这个仆人身上不但闪烁着忠义的光芒，而且勇敢，有感恩之心，这在任何时代都是非常珍贵的。顾荣对待仆人尚且能够如此，对那些真正的有才德之士，就更加毫无偏颇了。细节之处，往往最能打动人心，从这个角度来说，顾荣的社交段位之高，以及在团队中发挥的作用之大，绝对是国士无双。

高招二：

见微知著，把控全局——裴度

有些事，不上秤二两重，上了秤一千斤都打不住。

裴度出身唐朝著名的世家大族河东裴氏东眷，在宪宗、穆宗、敬宗、文宗四朝为官，数度拜相，被时人视为郭子仪再世，对唐代政治产生了重大影响。裴度熟悉官场和人情，处事灵活多变。唐敬宗时，裴度被任命为司空、同平章事。不过他上任不久，就发生了一件大事。

一天早上，裴度在中书省的政事堂办公，保管官印的属吏突然慌慌张张地闯了进来，告诉裴度中书省的大印丢了。在场的下属们听了，无不大惊失色，面如金纸。在当时，官员丢了官印是死罪，属员也要被贬官。裴度也大吃一惊，不过他随即冷静下来，告诫保管印信的官员不要声张。

中书侍郎问裴度有何良策找回大印，裴度却只管喝酒，告诉众人他自有办法，不过所有人都必须保守这个秘密。

过了两天，保管印信的属员发现，大印完好无损地回来了。他赶紧向裴度禀报，裴度只是点了点头，表示自己知道了。

事后，中书侍郎问裴度："大人，你为何知道官印会完好无损地被放回来？"

裴度说："官印不能盗卖，普通的小偷偷了它，不但卖不掉，而且会背上死罪。只有一种可能：是中书省的官员偷了印，私自给有关节的文书钤印去了。如果追查得紧，为了销毁罪证，他必定会损毁官印。只要不漏风声，拿了印的人用完后必定会放回原处。"

中书侍郎大为吃惊，连赞裴度心思细腻，被他解决问题的见识所折服。

保管印信的官员见官印失而复得，请求裴度增加安保人手。裴度却让他不必紧张，依旧像从前一样，只需暗中盯着即可。不久，那个偷官印的人就被抓到，果然是中书省的一个门吏，他钤了印的通关文书也被追回了。

裴度在宪宗朝立下的第一个大功是安抚魏博（军事重镇，管理魏州、博州、相州、贝州、卫州、澶州六州）。魏博是唐朝设在河北的军镇，节度使田季安十分跋扈，不听朝廷节制，俨然一方王侯。田季安死后，他的儿子田怀谏年幼，无法处理魏博六州的军务，因而军务被家奴蒋士则掌控。蒋士则目光短浅，处事全凭个人情感，因私废公，导致将士们非常不满。唐宪宗早已将魏博割据势力视为眼中钉，希望激起兵变，收回大权。

魏博的都知兵马使是田弘正，将士们想拥戴他做主帅。一天，他去拜访田怀谏，被将士们围了起来，请求他出任节度使。田弘正提了两个要求，只要将士们答应，他就愿意担纲：其一，不能杀害田怀谏一族；其二，要遵守朝廷的法度。唐朝自“安史之乱”后，藩镇割据愈益严重，当前一任节度使离任或年老时，士兵们为了利益最大化，动辄聒噪哗变，杀掉前任，拥戴新帅，这几乎成了常态。节度使不服从朝廷，士兵们也动不动就挟持节度使发动叛乱。田弘正提出这两点，正是基于以上原因。将士们答应了他的条件。他当即夺取印信，自称留后，诛杀了蒋士则，将田怀谏迁出府衙，并保护他的安全。

唐宪宗得知魏博之变后，派裴度去安抚，裴度宣布了朝廷的诏书。田弘正十分尊重裴度，请求他在自己办公的大厅墙上题字，记录这次会面，并表示愿意听从朝廷号令。之后，田弘正请裴度视察其他六州，宣读朝廷旨意。裴度此次出使，非常出色地完成了朝廷的任务，从而迈上仕途的又一级台阶。元和十年（815年）六月，成德节度使王承宗、平卢节度使李师道派刺客刺杀了主张制衡藩镇的宰相武元衡，裴度也被刺客刺伤。唐宪宗大怒，时隔三日后就任命裴度为宰相，对反叛的淮西藩镇用兵。两年后，淮西节度使吴元济被俘虏处死，淮西荡平。惶恐的成德节度使王承宗也交出两个州，向朝廷谢罪。一年后，李师道被其部将所杀。

在裴度的运作下，宪宗削弱了藩镇，强化了中央集权，实现了“元和中兴”，宪宗本人也被历史学家称为“小太宗”，称赞他有唐太宗李世民那样的识人之明。裴度在政治、军事上的做法都十分老辣，为延续唐朝国祚立下大功，这与他敏锐细腻的观察能力与非凡的问题处理能力都是分不开的。

高招三：

从细节处入手，抓住制胜关键——晁错

每个人都应该有一项技能，它不是通过继承得来的，也不是被人赐予的。

汉初，朝廷与匈奴作战，多以失败告终。尤其是“白登之围”，汉高祖率领的汉军被匈奴大军包围，将士们饥渴多天，最后连弓都拉不开了。若非陈平用奇谋，让匈奴单于将包围圈打开一个口子，使汉军得以逃出来，后果将不堪设想。之后汉朝以和亲的方式来保障和平，然而这不能完全避免匈奴的侵袭。汉文帝即位后，匈奴依旧经常在上郡、渔阳郡一带捣乱，让汉王朝始终处于匈奴的阴影下。这时，一个牛人出现了，他就是晁错。

晁错上疏汉文帝，指出在对待匈奴的问题上，有战无不胜的将军，没有战无不胜的民众。他的意思就是，打仗优先考虑的应该是选将，让优秀的将领来统兵，正所谓“兵熊熊一个，将熊熊一窝”。

选将，其实和现代企业选人用人类似，都是管理学的问题。对于部门发展来说，部门领导的作用至关重要。部门领导选对了，部门的工作效率就高，部门就能够良性运作，不断产生效益。反之，部门领导选错了，整个部门的工作就会出现问题，企业也会受到拖累。

晁错说完选将，接着说强兵。他认为在战场上取胜，有三点非常重要。

其一，占据有利地形。也就是在战前进行全方位的侦察，充分了解战场环境，这样才能依靠地利之便占据战场的主动性。步兵、车兵、骑兵，弓弩、长戟、矛铤、剑盾，这些不同的兵种和武器，适用于不同的环境，且各有优势。如果在战场环境中士兵无法发挥兵种和武器的优势，就可能出现十个士兵打不过一个敌人的情况。

以骑兵为例：在平原地区，依靠骑兵的机动性和冲击性优势能够碾压敌人；但是在崎岖的丘陵或沼泽地区，骑兵则易遭到步兵伏击，尤其是重骑兵更会成为靶子。这一点在今天的商业活动中，同样有借鉴意义，那就是要了解市场环境，充分做好产品调研。

其二，严格训练士兵。士兵没有经过训练，就不能形成对将领的服从习惯，也就无法很好地执行军令。这将导致士兵进攻时行动迟缓，追不上敌人；撤退时跑得比谁都快，打乱撤离的队形。前方的军队已与敌人短兵相接，后面的队伍还拖拖拉拉，不能协同作战，犹如一盘散沙。没有经过严格训练的士兵，一百个人也无法击败训练有素的十个敌人。这也是一个管理学问题。好的员工，本质上就是好的士兵。管理得当，他们就能够高效地完成工作；缺乏管理或无管理，他们则犹如散养的羊，不可能产生高效能。

其三，器械要精良。刀剑等武器不精良，士兵就犹如赤手空拳；盔甲不坚固，士兵就像光着身子作战；弓箭射不远，弓手就和短刀作战差不多；射箭但是命中率不高，就如同没有射一样；射出的箭击中了敌人，但不足以致命，就像没有箭镞一样。工欲善其事，必先利其器。在今天也是一样，工作中的设备，如果是落伍的、老旧的、不配套的，故障不断，就会使效能大大降低，而且工作频频出错。

晁错的高招本质上仍是管理学的智慧。兵法上说，武器不精良，就是把士兵的性命交给敌人；战士缺乏训练，作战不力，就是把将领的性命交给敌人；将领如果不能胜任，那就是把国家交给敌人。所以，君王选将是非常重要的。晁错从选将、强兵、利器三点分别阐述了自己的观点，可谓经典之论。他不是张良、陈平式的人物，所以没有什么奇谋，但是他的建议都抓住了制胜关键，且都是切实可行的，完全具备可操作性。汉王朝一旦按照他的建议管理军队，就不会被敌人找到漏洞而轻易侵袭了。

战国的历史上，燕、赵、秦都与匈奴接壤，且不说赵、秦这样的强国，就是二流的燕国也曾几次战胜匈奴。为何到了汉朝竟然要用和亲的方式才能确保和平呢？很显然，症结就在晁错说的那三点上。

晁错从细节入手，分析了地理位置、作战方式和将士管理问题，而后向汉文帝比较了敌我优劣。这基于对自身与竞争对手的调查和研究之上。先说劣势：汉军远击匈奴，须翻山越岭，跨越险阻，中原战马的耐力不如匈奴，此其一；在危险的道路和逼仄的地方一边奔驰，一边射箭，这种作战方式汉朝的战士不如匈奴，此其二；在恶劣的环境里，忍饥挨饿，备尝艰辛，汉朝的士兵也不如匈奴，此其三。再说优势，在平原上用战车突袭，用骑兵奔袭，协调作战，匈奴不如汉军，此其一；汉朝士兵穿着坚固的铠甲，用长枪和强弓杀伤敌人，就武器优势来说，汉军有胜算，此其二；汉军五人为伍，十人一什，共同进退，匈奴人比不过，此其三；射手埋伏在阵后，万箭齐发，集中力量射杀敌人，面对这种攻势匈奴的皮甲和木头盾牌几乎没有防御力，此其四；汉军擅长各个兵种配合，各种武器结合使用，步兵肉搏，在这方面匈奴没有胜算，此其五。总体来看，敌人的优势有三，己方的优势有五，如果动员十万人去对付只有几万人的匈奴，无异于以十打一，必定能够获胜。晁错还进一步指出，可以敌制敌，利用归附的游牧部族与匈奴作战，用其长攻敌人之长。这种分化瓦解、以夷制夷的思路，多为后世战略家使用。匈奴后分为南、北两部，彼此攻伐，最终走向灭亡。曹操更是将匈奴分为五部，使之不相统属，形不成合力，只能听命于中原王朝。在这一点上，晁错早就给出了战略指导。

晁错的文章《言兵事疏》，实际上可以视为一部早期管理学理论著作。汉文帝非常赏识晁错，极为重视他的建议，提拔他为中大夫，作为自己的政策顾问。

高招四：

三场“面试”，精准抓住“老板”的心——商鞅

如何说服身份地位比较高的人？

——让他觉得这个想法是他自己想出来的。

高手高招

商鞅出身卫国公族，但卫国是个小国，对于他这个“大神”来说，这座“庙”有点儿小。因而他投奔魏国，想在那里找到施展自己才华的平台。魏国的国相公叔痤虽然看重商鞅，但到了病危之时才向来看望他的魏王推荐商鞅。他对魏王说：“我的门客商鞅虽然年龄不大，但是个英才，希望大王能重用他。”魏王随口答应了一句，便准备离开。公叔痤让左右的人都出去，悄悄地对魏王说：“大王如果不打算用他，最好杀了他。”魏王应承着，但他认为公叔痤已病入膏肓，意识未必清醒，因而对他的话并不在意。

魏王走后，公叔痤立刻叫来商鞅，对他说：“刚才我向大王推荐了你，我从他的神情看出他不会用你。我又进言让他若不用你就杀了你，你快走吧，走得晚了就可能会被抓。”商鞅摇了摇头说：“大王不会听你的话用我，又怎会听你的话杀我呢？”于是商鞅并未逃走，依旧留在魏国。魏王果然没有重用商鞅，但也没有杀他。很显然，公叔痤并不了解他老板的真实想法。反倒是商鞅，单从只言片语就精准抓住了魏王的心思，着实高明。

战国时代的国君广泛求贤，知识分子们也频频“跳槽”。公叔痤死后，商鞅知道他在魏国得不到建功立业的机会了，听说秦国发布了求贤令，就去了秦国。当时秦孝公当政，来“面试”的人很多，要想在众人中脱颖而出，就必须攫住领导的心，使他有了解自己的欲望。商鞅先在秦都的招贤馆住了下来，和那些被秦孝公召见过的人聊天，以了解情况。之后，他拜见了秦孝公信任的臣子景监，向景监陈说自己建功立业的雄心。景监被他打动，随即向秦孝公推荐他。当时，秦孝公已面试了一拨又一拨的人，其中多浮夸之人，少实学之才。

秦孝公见了商鞅，只听商鞅大谈“仁道”：为君应该像尧、舜那样，以仁义礼智来教化百姓……秦孝公尽管对这一套陈腐之说十分不耐烦，但见商鞅说得兴高采烈，只好耐着性子听下去。《史记》中记载：“孝公既见卫鞅，语事良久，孝公时时睡，弗听。罢而孝公怒景监曰：‘子之客妄人耳，安足用邪！’景监以让卫鞅。卫鞅曰：‘吾说公以帝道，其志不开悟矣。’”通过这次接触，商鞅了解到秦孝公对做尧、舜那样的上古贤君没有兴趣。

五天之后，秦孝公第二次召见商鞅时，商鞅改谈“王道”。秦孝公把自己的坐席稍向商鞅的身旁拉了拉，然而仍是越听越觉得乏味。面试结束后，他又一次责备了景监。不过，商鞅请求秦孝公再给自己一次机会。

秦孝公第三次召见商鞅时，商鞅改说“霸道”。孝公越听越精神，不知不觉地与商鞅靠得越来越近。两人谈了整整一天，都不觉得疲倦。

之后连续几天，秦孝公都召见商鞅单独面谈，最终接纳了商鞅的治国之策，任命商鞅为左庶长，开始变法。后人不禁会问：为何商鞅不在第一次就陈述“霸道”呢？这是因为，商鞅需要了解老板内心的真实想法，看他是否是自己的“真命天子”。战国乃是大乱之世，如果秦孝公采纳了仁道或者王道，也许商鞅就拍拍屁股走人了，继续寻找下一个雄主。与公叔痤相比，商鞅显然更善于观察细节，从而了解老板的想法，抓住老板的心思。

对于有抱负的员工，找到合适的老板比找到一份高薪的工作更加重要。对企业或团队来说，老板决定了其发展的天花板。如果天花板较低，即便是英才，也只能低着脑袋、弯着腰做人；反之，如果老板本身目光远大，则员工的发展不可限量。商鞅的三段式话术，是他测量秦孝公内心的一把尺子，也从另一个角度告诉秦孝公什么是适合秦国的、什么是不适合秦国的。通过三次谈话，商鞅既了解了老板的真实想法，也坚定了老板的变法意愿，其招数不可谓不高明。毕竟在变法的背后，最坚定的支持来自国君。最终，商鞅在秦国掀起了中国历史上影响深远的一次变革。

高招五：

一针见血，直戳人心——毛遂

内心焦虑的人更容易被说服。那是因为，焦虑使人内心脆弱，更容易被攻破。

赵孝成王八年（公元前258年），秦国大军围攻赵国都城邯郸。赵国公子平原君赵胜打算去楚国求救，建立合纵联盟，一起对抗秦国。他打算给自己的使团凑齐20个人，可是勉勉强强才找到了19个能入眼的。这时，一个名叫毛遂的人请求加入使团。赵胜见这个人有点儿面生，就问道："先生来我门下多久了？"

毛遂答："三年了。"

赵胜说："有能力的人，好比锥子放在布袋中。会脱颖而出。你来我门下三年了，没见有人称道你的优点，也没看到你有什么好的表现，你还是算了吧。"

毛遂答："我今天正是请求你将我放在布袋中。若是早日在布袋中，别说锥子尖露出来，只怕锥子柄都冲出来了。"

要想发挥一个人的才能，得给他提供展示的平台。被置于无事可做的环境，纵然是管仲再世，也不会有建树。毛遂的话，抓住了要害。平原君赵胜立刻让他加入使团。赵国使团来到楚国后，平原君赵胜就向楚考烈王陈说合纵。两人从早上谈到中午，楚王依旧拿不定主意。这时站在台阶下的毛遂实在忍不住了，握着剑柄走上台阶，对平原君说："合纵之事，两三句话就能说清楚，你们怎么谈了大半天呢？"

楚王看到平原君使团的随员跑来插话，十分生气，呵斥毛遂说："我在和你的主君谈话，你跑来干什么？"

毛遂按着剑柄说："大王呵斥我，是因为楚国地盘大、人口多，现在我距离大王只有十步，人多势众发挥不了作用，我片刻间就能取大王的性命。既然我的主君坐在席上，你为何要呵斥我呢？我曾听说，商汤只有70里的土地，但能称王于天下；周文王只有百里的土地，但能使诸侯向他臣服。这难道是因为他们人多地大吗？这是因为他们擅长利用形势来发挥自己的力量。如今，楚国土地广达5000多里，披甲执锐的士兵多达百万，这样的力量足可称雄于天下。可是秦将白起一来，楚国第一仗就丢了鄢、郢两座大城，第二仗被烧了夷陵，还毁掉了祖宗的陵墓和祭庙。这是巨大的耻辱、万世的仇恨，大王您却无动于衷，不知何为羞耻，竟然和我的主君谈合纵谈了半天。合纵能给楚国带来最大的好处，您还犹豫什么呢？”

毛遂的话一针见血，戳到了楚王的痛处，同时也将合纵结盟的意义说得透彻明白，犹如当头棒喝，可谓醍醐灌顶。楚王当即表示，要与赵国结盟。

毛遂立刻命令左右侍臣端来铜盘，将鸡血、狗血、马血放在铜盘里，跪着将盘子呈上，举行歃血为盟的仪式。首先是楚王将兽血涂抹在嘴唇上，其次是平原君赵胜，再次是毛遂，最后是其他19个使团成员。之后，楚王命令春申君黄歇率领楚军北上救赵。与此同时，魏国大军也在信陵君魏无忌的率领下前来救援。城内的平原君募集了3000名死士，命令李俠率军出击。在内外夹击之下，秦军大败。秦国大将王龁率军撤退到河东的汾城，另一将军郑安平就没有这么幸运了，他的两万余人被困，无力突围，只好向赵国投降。至此，邯郸之围被打破。

高手高招

事后，平原君赵胜对毛遂说：“我的门下贤人众多，我以养士而自豪，自以为眼光超群，能识别贤明的人，但却忽略了先生。先生一到楚国，立刻使赵国的地位犹如九鼎和洪钟大吕。我以后再也不敢说自己善于识人了。”

从此，毛遂被奉为座上宾。毛遂胆大心细，深谙谈判技巧，在重要的谈判中，首先陈述各自利益，尤其是对方的利益。秦国之害，对楚国来说丝毫不亚于对于赵国：它攻破了楚国的旧都，还烧毁了它的王陵和祭庙。这一巨大的耻辱，犹如一记响亮的巴掌打在楚王的脸上，无疑激起了楚王的怒意，使其当即就确定要结盟。软绵绵的谈话，不足以震撼对方；只有一针见血，直戳人心，才是真正的高招。

高招六：

细节决定成败——师旷

老子言："天下难事，必作于易；天下大事，必作于细。"越是细微的追求，越能反映观念的本质。不论在什么时候，都应该慎重行事，否则就会差之毫厘，谬以千里。

公元前555年，中原大地硝烟四起。当时，齐国率领军队攻打鲁国。鲁国抵挡不住，便向晋国求救。于是，晋国召集郑国、宋国等十一个诸侯国，一起出兵攻打齐国。

齐王得知这个消息后，便亲自率领大军前去迎战，准备和晋国决一雌雄。两国第一次交锋是在平阳城外，齐国遭受到了前所未有的损失。晋王趁机虚张声势，四处制造假象，让齐国认为晋国军队非常强大。当天晚上，齐王就被吓破了胆，准备偷偷撤军回国。

为了不引起敌军注意，齐王下达回国的命令时非常谨慎，就连手下的一些将领都不知情。齐王要求兵士卸下铠甲武器，给马蹄裹上厚布，勒紧马嘴。这次秘密撤退连平阳城里的百姓都没有惊动。然而，就是这样看似天衣无缝的计划，却还是走漏了消息。在齐军撤退之时，晋军突然冲杀过来。最终，齐国大败，很多人被活捉，成了晋国的俘虏。

齐王已经如此小心谨慎，又是如何泄露了齐军撤退的消息呢？其实，当时齐军撤离的时候，晋王正在中军帐内召集诸侯商讨之后的攻城计策，根本不知道平阳城里的情况。当时，一个名叫师旷的晋国乐师正在城外赏月，忽然听到平阳城内传来乌鸦的悲鸣声，接着又听到马匹嘶叫寻找同伴的声音。对声音敏感的师旷立即就猜到齐国可能要弃城逃走，于是深夜拜见晋王，对他说："齐国军队很可能要放弃平阳城逃跑了！"

听到这个消息，晋王大吃一惊，但心里并不怎么相信。

看出晋王的迟疑，师旷解释道：“我是一名乐师，对各种声音都非常敏感。平阳城内乌鸦的悲鸣和马的嘶叫声都极不寻常，肯定是晋国军队想要连夜撤退。大王，机不可失，时不再来啊！”

最终，晋王听从了师旷的建议，和各路诸侯一起向平阳城发起进攻。正如师旷所料，这里已然是一座空城。于是，大军继续追击，最后打败齐军，取得了胜利。

细节决定成败。齐国的撤退计划可谓环环相扣，天衣无缝，若不是师旷观察入微，恐怕都无法发现他们的意图。只能说，齐国在撤军计划即将成功之时功亏一篑，着实缺了些运气。晋国能够抓住时机，打败齐国，主要还是得归功于师旷的敏锐与细心。真可谓成也细节，败也细节。

千里之堤，毁于蚁穴。很多时候，事情的成败可能就系于不起眼的细节之上。就像一件毛衣，看似盘根错节，紧密缠绕，但一个不慎，拽错一个线头，就可能被拆得七零八落、分崩离析。

江河之大，源自细流；九层之台，积于寸土。只有注重各个环节的细微之处，才能让我们发现细节的美，从而把握住成功的每一个因素。

叁

能言·善辩

——说话之道，亦是成功之道

高招一：
一张嘴，搅动天下风云——张仪

好的谈判家和金牌销售有一个共同点——他们的对手（顾客）会觉得：这个人是真的“为我好”！

张仪是先秦时期的话术高手。他本是魏国安邑人，拜著名隐士鬼谷子为师，成为其高足，后来入秦，成为秦国用来瓦解六国合纵的推手。所谓合纵，是指关东六国为了对付秦国而相互结盟，因六国基本呈南北分布，故而得名。

秦国作为战国七雄中最强的诸侯国，采用各个击破的战略对付六国绝对是游刃有余的；可是一旦六国联合起来，秦国的处境则会非常危险。如何解除秦国的危机呢？当然是分化瓦解。

张仪先后出使六国，彻底瓦解了这个脆弱的联盟。我们不妨以张仪与魏王的一席话为例，来看看张仪是如何将言辞艺术发挥到极致的。

张仪问魏王："魏国与秦国比，孰强孰弱？"

魏王回答："秦国虽强，魏国仍可一战，况且我与韩、赵、楚、齐结盟，有何可畏惧的？"

张仪微笑着说："魏国士兵虽然善战，但魏国地方不足千里，士兵不满三十万，与韩、赵、楚、齐接壤，守军不满十万人，而且地势一马平川，没有高山大河为屏障，此乃四战之地也。如何与秦国对抗？魏国固然与列国合纵，可惜一母同胞的兄弟们尚且为了争夺财物反目成仇，更何况是反复无常的诸侯们呢？合纵是不足依靠的。魏国若不亲近秦国，秦军就会先占领河外，占据卷衍、酸枣这些地方，再袭击魏国，拿下阳晋，这样就割断了赵魏之间的联系。赵国不能南下，魏国不能北进，彼此不能相救，盟约还有什么意义呢？"

高手高招

一席话，让魏襄王背弃了合纵的盟约，投入了秦国的怀抱。

我们回过头来看一看张仪是如何说服魏王的。首先，他列出了魏国自身的不足：先说其内部环境，版图不足千里，缺乏纵深，退无可退，一旦失败就是灭国；再说士兵不满三十万，一片平原，缺乏地形优势，又是四战之地，可谓无依无靠、守无可守，能调动的资源非常贫乏。如此劣势，与强大的秦国为敌，显然是自寻死路。其次，他罗列了外部危机：列国都是见利忘义的角色，只为争夺利益，一旦有机会就会背盟，背刺先前的兄弟，根本靠不住。最后，他还对魏王实施了恐吓策略：假设秦军夺取了魏国重要的地方，就会将魏、赵二国分隔开，使结盟丧失作用。

这一番话中，张仪一步步地将魏王引入话术的圈套，让他被牵着鼻子走，在魏国与合纵的盟国间撬开一道裂缝。张仪的话术能够成功，正是由于他对魏国的深刻了解。魏王任命他为国相，使得他对魏国的国土形态、人员构成、防御配备等情况了如指掌。实际上，他是秦国的间谍，取得魏国的信任是为了在战略上帮助秦国。

张仪先后在秦、魏二国为相，又在楚国待了很长时间，得到了楚怀王的信任，并将怀王骗到秦国。他还用同样的套路、同样的话术，先后到韩、赵、齐、燕等国，使诸侯几乎都落入他的彀中，真真是凭借一张嘴，就搅动了天下风云，招数之高，令人称奇。

汉代史学家刘向说：“苏秦为纵，张仪为横，横则秦帝，纵则楚王，所在国重，所去国轻。”他们被哪个诸侯国所用，哪个诸侯国的地位就会上升，否则该国就会人去国衰。这是一个智者频出的时代，也是一个依靠一张嘴巴就能建立功勋的时代。

高招二：

巧妙引战，三寸之舌胜于百万雄师——子贡

世上有两件难事：一是把别人的钱装进自己的口袋；二是把自己的想法装进别人的脑袋。事实上，如果你做成了第二件事，那么第一件事也就不难做了。

子贡，复姓端木，名赐，是孔子的学生，为孔门十哲之一，可以说是一位话术大师。春秋晚期，田常逐步掌握齐国的政权，为了进一步提高自己的权力和地位，准备进攻邻居鲁国。孔子得知后，派弟子中的外交家子贡去救鲁国。

子贡先到齐国，拜见了田常。他问田常："听说大夫您准备讨伐鲁国？"

田常点头。

子贡说："您这是把好处留给别人啊。"

田常不明所以地问道："请先生指教。"

子贡说："听说大夫您之前三次向齐王请封，都遭到了贵族们的反对和齐王的拒绝。您想想，如果进攻贫弱且离齐国很近的鲁国，您虽然很快就会胜利，但是壮了齐王的声威，巩固了他的权力，您什么也得不到呀。"

田常问："那我该怎么办呢？"

子贡说："应该向南攻打强大的吴国。吴国距离齐国遥远，打输了，士兵们战死在外，减损了齐王在国内的形象；而且，贵族领兵在外，朝廷空虚，您也能更好地控制朝政。"

田常说："但是现在士兵已经被派去攻打鲁国，如果掉转战车攻打吴国，他们会对我产生怀疑，该怎么办呢？"

子贡说："这很容易解决。您先下令让齐军停止前进，我去吴国让吴王来救鲁国，您就有攻打吴国的借口了。"

田常委任子贡为使臣，赐给他车马和仆从，让他奔赴吴国见了吴王夫差。子贡说:“我听说大王您一直想称霸诸侯，显名于列国。现在齐国进攻鲁国，一旦他灭了鲁国，就会阻碍吴国的称霸脚步。您去营救鲁国，不但能遏制齐国，而且可获得仁义的美名，还能对晋国敲山震虎，一举三得。”

吴王夫差十分认可子贡的说法，但他担心吴国出兵之后，吴国的世仇越国会在自己的背后捅刀子，不如先灭了越国再去救援鲁国。

子贡摇摇头说:“您灭了越国，只怕鲁国也会被灭了。你担心越国背刺，那么可以让越国一起出兵，这样越国剩下的兵少，就掀不起什么大浪了。”就这样，子贡又充当吴王的使臣，奔往越国。

越王勾践一见子贡，就问道:“不知先生有何见教?”

子贡说:“我是来救您的。”

越王请子贡说得详细一些。

子贡说:“我请吴王去救援鲁国，可是他担心您在背后袭击他，准备先灭了您再去援鲁。”

越王大惊失色，跪下来对子贡说:“还请先生指教。”

子贡说:“吴国国君夫差暴虐不仁，他不肯听忠臣的话，受到奸邪的引诱，连年征战，百姓痛苦不堪。吴王好大喜功，您将丰厚的礼物送给吴王，请求他出兵，并承诺您会协助吴国，这样他就对您没有疑虑了。等他东征后，和齐军大打一仗，如果打输了，损兵折将，您就有了复国和报仇的机会;如果打赢了，一定会去向晋国展示军威，我便去劝说晋君收拾吴王。吴军刚和齐军血战，又和强大的晋国作战，必败无疑。这样吴国的国力下降，您就能灭了它。”

越王接受了子贡的建议，派大夫文种带着大量礼物拜见吴王，并将一支军队交给了吴王。吴王大喜过望，率军东征。另一边，子贡又充当越国的秘密使臣，到了晋国。他对晋国的君臣说：“吴国东征齐国，如果输了，越国就会在背后袭击它；如果赢了，它一定会进攻晋国。”

晋君立即决定把大军调集到边境，以应对不测。吴军东征，果然击败了齐军，使得鲁国转危为安。胜利的吴军十分骄傲，又陈兵于晋国边境。但晋军早有准备，将疲惫的吴军杀得大败。越王勾践得知后，果然向吴国发动偷袭。夫差得到消息后，挥师教训越国。可是由于吴军长期作战，士兵疲惫不堪，几乎丧失了战斗意志，连战三次都失败了，吴国很快就灭亡了。越王称霸，成为春秋时期的最后一位霸主。

此次外交中，子贡在鲁、齐、吴、越、晋五国间周旋，陈说厉害，使得各国国君都对他俯首听命，堪比挂六国相印的苏秦。他以一己之力，保全了鲁国，打乱了田常篡夺国政的阴谋，还使得骄纵的吴国灭亡，又顺势恢复了越国，使其称霸。说他的三寸之舌顶得上百万雄兵，也丝毫不为过。

高招三：
“打动”比“说服”更重要——触龙

永远要记住：和掌握权力的人说话，“打动”比“说服”更重要。

公元前266年，赵国国君赵惠文王去世，他的儿子丹即位，是为赵孝成王。赵孝成王年幼，由母亲赵威后摄政。秦国趁赵国国君新立，主少国疑，人心不稳，便发起进攻，一连攻下赵国的三座城池。危机之下，赵国向齐国求援。但齐王要求赵国派长安君，也就是赵威后的小儿子到齐国当人质才肯出兵。

战国时期，结盟国家之间为了表示互信而互派贵族子弟当人质是一个传统，秦始皇的父亲秦庄襄王就曾在赵国为质。为质的公子到了盟国后，并不会遭受羁押，反而会有独立的住所和较大的生活自由。当然，比起在自己的国家，生活上肯定会差几个等级。一旦两国变成敌对国，为质的公子就会成为弃子，危险也就增加了。赵威后十分宠爱长安君，获悉齐王的要求后，当然不肯答应。有不识相的大臣接二连三地给老太太讲大道理，都被骂了出来。赵威后更是扬言："再来劝谏的，老妇我必定朝他脸上吐唾沫。"

按理说，摄政的赵威后已经极为恼怒了，大臣们应该没有谁再敢去触霉头了，但是左师（执政官）触龙依旧向赵威后进谏，还成功了。那么，触龙是如何说服大老板的呢？这就不得不说说触龙的话术了。

赵威后听说赵国政坛上的常青树——触龙请求进宫，当然知道他葫芦里卖的是什么药。因而，她摆好气势汹汹的架势，就等触龙劝谏的时候唾他一脸。触龙进宫后，远远看见太后，就一路小碎步跑到赵威后跟前，气喘吁吁地告罪说："我的脚有些小问题，连快跑都不行，很长时间没有来看望您了，但我又担心您的身体，所以常想来看看您。”

赵威后淡淡地回应道：“我全靠坐车才能走动几下。”

触龙又说：“太后，您的饮食没有减少吧。”

赵威后逐渐放松警惕，说道：“时下也就每天喝点稀粥。”

触龙说：“臣现在食欲不好，每天要走三四里路，才能吃下去点东西呢。”

赵威后答：“你比我好多了。”

这一番家常唠下来，赵威后放松了警惕，脸色也好多了，不再绷着。

触龙接着说道：“我有个小儿子叫舒祺，不大成器，我又老了，希望他能到宫里补黑衣卫士的缺，来保护太后您。我冒着死罪来说这个情，还希望太后您宽恕。”

这番话顿时把赵威后逗乐了。她本以为触龙是来劝谏的，没想到是给儿子来谋职的。触龙的话说得特别讨巧，派儿子来保护太后，完全从大老板的利益出发，这就激起了赵威后的兴趣，让她彻底放下戒心。于是她问道：“你儿子多大了？”

触龙说：“15岁了，我希望自己没入土前，他能得到您的关照。”触龙作为赵国执政官，统领百官，忠诚勤勉，对于他这么一个庇荫子弟的要求，赵威后当然会答应。况且，疼爱子女是母亲的天性，这也激起了赵威后继续聊下去的兴趣。她问触龙：“男人也这么疼爱儿子吗？”触龙说：“恐怕比女人更疼爱。”

赵威后不认同这一点，反驳道："我觉得还是女人更胜一筹吧。"

触龙说："不，我觉得您疼爱燕后，就超过长安君。"

赵威后说："你错了，我疼爱长安君还是多一些的。"

触龙说："父母疼爱子女，就要为他们做长远考虑，当初您送女儿嫁给燕国国君为王后，拉着她哭泣，因她嫁到那么遥远的地方而伤心。可是出嫁之后的日子，您却并未表示多么想念，反而在祭祀的时候，祈求她不要被驱逐回来。您希望燕后生儿育女，她的子孙后代能一代代做燕国的君主，这不就是替女儿做长远打算吗？"

赵威后点了点头，认可了触龙的说法。

这一番对话，就是触龙的厉害之处。他的前两个说法看起来遭到了太后的反驳，但他一步步后退，将太后引入自己的话术圈套，使自己变被动为主动，直击赵威后的内心。

接着，触龙又说："从这一代向上追溯三代，直至推到赵国建立之时，那时被封侯的赵国国君的子孙，到了今天，他们的子孙还有仍保有爵位的吗？"

赵威后说："没有。"

触龙又说："不仅是赵国，其他诸侯国有吗？"

赵威后说："我没有听说过。"

触龙说："他们当中祸患来得早的，就降临在自己头上；祸患来得晚的，就降临在子孙头上。地位尊崇却没有功勋，俸禄丰厚但没有功绩，还占据大量珍宝。您现在把长安君的地位抬得那么高，封给他大片肥美的土地，不趁现在让他为国立功，那么您百年之后，凭什么让长安君在贵族中站稳脚跟呢？所以，我认为您为长安君考虑得没有为燕后考虑得长远啊……”

触龙的一番话，毫无疑问抓住了赵威后内心的痛点，她对触龙说：“按你的意图办吧。”

随后，赵国准备了100辆车驾，派遣长安君到齐国为质。齐国也派出援军，赵、齐联手击败秦军，化解了赵孝成王即位以来的第一次大危机。

要想理解触龙和赵威后的这番对话，必须了解当时的历史背景，这也是触龙的话术能够成功的原因。周威烈王二十三年（公元前403年），韩、赵、魏三个晋国的大夫被封为诸侯，也意味着周天子承认了“三家分晋”的事实，战国时期由此开始。进入战国以后，君权加强，君主的子孙，除了即位的国君外，支系贵族要么有战功，要么有行政能力，不然到了第二代、第三代就会被除爵而沦为平民。想再像西周时期那样，依靠血缘得到封地，已经是不可能的了。

长安君在赵威后活着时，依靠母亲庇荫，还能维持尊荣；一旦赵威后去世，德不配位，不但他的地位不保，还有被褫夺爵位的危险。触龙完全是站在赵威后的立场上劝谏的，因而立刻就打动了这位女政治家。她敏锐地意识到，派小儿子长安君为人质，可以为他争取政治功勋，从而使其在赵国的政治格局中占有一席之地。触龙招数的最高明之处，就在于他从来没有想过要靠道义去“说服”一个上位者，而是通过共情的方式去“打动”对方。

在商业谈判中，能否化被动为主动，不在于你占据多少优势，恰恰在于你是否站在对方的立场考虑问题。这才是抓住大老板内在需求的关键。

高招四：

谈话要抓住要领——邓禹

不要总觉得自己被轻视，先问问自己有没有分量。

邓禹是南阳新野人，东汉的开国名将，被光武帝刘秀列为云台二十八将之首，邓氏也因此成为东汉显赫的家族之一。邓禹之所以能得到光武帝的重用，除了有军功之外，最重要的是他通文翰，每次和光武帝谈话，都能抓住要领，使问题变得清晰明朗。光武帝以邓禹为谋主，制定各项战略方针，从而荡平群雄，登上帝位。

邓禹早先和光武帝刘秀是同学，两人一起在长安读书。更始帝刘玄（刘秀的表兄，曾在绿林军的支持下称帝）即位后，有人推荐邓禹出任官职，被邓禹谢绝。邓禹听说刘秀在河北站稳了脚跟，就渡河去追赶。到了刘秀的大营，刘秀开玩笑地说："我现在拥有任免官员的权力，你千里迢迢地赶来，是想当官吗？"

邓禹摇了摇头。

刘秀又问："那你想要什么？"

邓禹回答："我只愿追随明公，为明公效力，这样定能垂大名于青史。"

刘秀神色变得认真起来，示意邓禹说下去。

邓禹说："更始帝定都关西，然而没有征服山东的势力。赤眉军、青犊军有万余人，他们流窜到三辅（指今陕西中部）一带，成群结队，假借名号。更始帝的军队没有打败并收服他们，因而他们不肯听从更始帝的号令。更始帝帐下的其他将领都是庸人，最大的志向不过是想发财，虽然也都争着建立功勋，但不过是早晚图个欢乐。这里面缺乏有远见的人，也没有打算让百姓安居乐业。现在四方已经分崩离析，形势非常清楚，明公您虽为更始帝立下大功，但是恐怕难成大业。为今之计，您应该多招揽天下英雄，为百姓建立一个安定的王朝，成就汉高祖那样的事业。”

邓禹的话，令刘秀神色一震。他让邓禹与自己宿在同一帐篷里，并让左右的人称呼邓禹为“将军”。邓禹的一席话之所以能打动刘秀，并不是因为他出了什么奇招、高招，而是因为他在很大程度上抓住了谈话要领，即说到了老板的心坎里。邓禹的话至少有四层意思：其一，更始帝虽然被群雄拥戴登上了皇位，但是并不能服众，其势力缺乏凝聚性，是脆弱的；其二，更始帝的属下都是庸碌之人，缺乏远大的政治理想，不足以令天下长久安定；其三，你虽然为更始帝立下大功，但他不是英主，你恐怕难成大业；其四，我们不若单干，首先招揽人才，其次照顾百姓的利益，这样定能建立一个有新气象的王朝。

邓禹的分析鞭辟入里，将非常复杂的情况梳理得清晰明白，甚至还给出了发展建议，可谓高屋建瓴。这样的谈话水平和政治远见，无疑是刘秀最需要的，无怪乎邓禹当场就得到了最高的礼遇。

接下来，一切都像邓禹预料的那样发生了。刘玄在绿林军的拥戴下称帝，赤眉军也在形式上表示了对他的归附，但刘玄不信任诸将，先后杀掉多人，还从背后袭击了赤眉军。

更始帝三年（25 年），赤眉军的首领樊崇找到一些西汉宗室后裔，打算从中选一个人立为皇帝。樊崇让人找来一个竹盒子，在一封书札上写上皇帝的名号，然后和其他空白书札一起放进去。他将候选人按年龄大小排列，由年长的先摸，每人摸一张书札。

刘盆子年龄最小，因而最后一个摸。打开书札后，别人的都是空白的，而刘盆子摸到的是那张“帝札”。就这样，他通过抽签的方式当上了皇帝。这样一来，长安和赤眉军的大营里就各有一个皇帝，二帝并立，势必一战。不久，赤眉军攻入长安，刘玄投降后被杀。这印证了邓禹的判断。

同年六月，刘秀在文臣武将的拥戴下，于鄗城（今属河北邢台）千秋亭称帝，二帝并立的局面再次出现。邓禹受命向西，荡平关中敌人。诸将皆劝邓禹快速进兵，拿下长安。邓禹却说：“我们现在虽然人多，但是能打仗的精兵少，而且进军之地缺乏粮食，我们身后的粮草补给又不足。赤眉军刚刚拿下长安，物资充足，士气高涨，我们无法与之决战。不过，盗贼们缺乏长远的眼光，肯定无法长期坚守。上郡、北地、安定三郡人口稀少，但是粮食和牲口充足，我们不如先去那里修整补给、等待时机，找到赤眉军的弱点后再将其消灭。”众将认为邓禹说得有理，因而就食三郡，沿途击破赤眉军的营寨。

邓禹高妙的说话技巧，建立在他对问题的清晰洞察上。他用了三点来说服将领们不可急于进兵：其一，兵在精而不在多，自己的精兵少，不能与敌人硬碰硬；其二，无论是前方还是后方，自己都没有补给，不能与有充足补给的敌人直接对抗；其三，敌人士气高涨，战斗意志强。他既说出了敌人的优势、自己的劣势，又同时分析出敌人的致命弱点，即缺乏长远的眼光，不能坚守。此外，他还给出了解决方案，即足兵足食，寻机歼敌。

无论是面对领导还是下属，邓禹的谈话水平都可谓臻于化境，他不愧为历史上有名的战略大师。

高招五：
拒绝可以，但得把话说好——萧俛

顺从并非美德，拒绝需要智慧。

萧俛出身南兰陵萧氏，是梁武帝萧衍的后裔，唐穆宗时任宰相（同中书门下平章事）。一次，穆宗皇帝下诏让他给已故的成德军节度使王士真撰写神道碑。萧俛回禀说：“为臣器量偏狭，王承宗（指王士真的儿子）不肯听从朝廷号令，人品没有可称赞的地方。如果让微臣撰写王士真的神道碑，臣不会刻意去美化他。神道碑写好后，按惯例王家会献物致谢。臣若不接受，就违背了陛下安抚藩镇的计划；臣若硬着头皮接受，则又违背了自己平生的意愿，因此臣不愿意写这篇文章。”穆宗皇帝认为他肯直言，便嘉奖了他。

从表面上看，萧俛是为了维护自己士大夫的尊严，才拒绝领导安排的工作，但事情远没有这么简单。对皇帝而言，臣子的忠诚度、办事能力是第一位的，其次才能谈到士大夫的声誉。如果一个人不能为领导办事，仅会沽名钓誉，是得不到领导重用的。那么，萧俛的回答高明在哪里，能让唐穆宗不仅没有怪罪，反而还嘉奖了他呢？这其实是因为，萧俛话里有话，戳中了唐穆宗的心坎。这就要将这件事放到唐穆宗执政时的历史背景中来看了。

唐朝自玄宗天宝年间“安史之乱”后，藩镇坐大，各地的将领要钱有钱、要人有人，逐渐不肯听从朝廷的号令，开始自行任命官职，各自为政。到了唐穆宗的父亲唐宪宗时，在名相裴度的辅佐下，逐渐削平了一些反叛的藩镇。之前处于观望状态的藩镇将领纷纷归附朝廷，但那些有实力的藩镇仍然处于半独立状态。唐穆宗所说的成德军节度使王士真就是当时有实权的藩镇节度使之一。王士真原是成德军节度使李惟岳的镇将，他协助父亲王武俊杀了李惟岳。朝廷为了安抚，就顺水推舟地任命王武俊为节度使。王武俊死后，王士真不待朝廷任命，就自封为留后，成了节度使。王士真死后，他的儿子王承宗、王承元相继为留后。王家在成德军中经营了四世，岂止是尾大不掉，实际上已成了一个独立王国。唐穆宗作为大唐王朝的“董事长”，下诏让“经理人”萧俛给已故的王士真——曾经的“分公司”大佬写神道碑，就是想用朝廷的荣誉来笼络住藩镇，避免他们公然造反。萧俛没有接受领导委派的工作，反而拿出一套推脱之词，其中至少有三层含义。

第一，王家不听朝廷号令，仅用拉拢的手段对付他们是行不通的。如果由我这个“经理人”为王家先人写神道碑，会让那些忠顺的藩镇寒心，让那些想图谋不轨的藩镇更加跋扈。王家现在虽然归顺了，但是前几代劣迹斑斑。王承宗的祖父王武俊曾联合幽州节度使朱滔举兵叛乱，公然僭越，自立为赵王，后因与朱滔不和，叛乱形势也对藩镇不利，才又归顺了朝廷。在王士真任成德军节度使时，尤其是在其任职晚期，由于是颇有手腕的唐宪宗执政，一方面对王家加官晋爵，另一方面对那些敢于公然造反的藩镇进行军事打击，所以成德军十分恭顺，每年向朝廷进贡达数十万的财货。比之于河朔三镇中的卢龙、魏博二镇，成德可以说是朝廷的铁杆支持者。比之于其父，王承宗更像一头桀骜不驯的狼，唐穆宗时期叛乱，后因实力不够，又重新归顺朝廷。唐宪宗能够稳住成德军，靠的是军事威慑和封官拉拢。唐穆宗如今对待藩镇，如果仅靠拉拢手段，是行不通的。

第二，从管理层角度讲，萧俛不是写神道碑的最佳人选。唐穆宗作为最高领导，要面对三大势力：一是自唐玄宗以来每个领导者都要面对的外部力量——藩镇；二是朝廷大臣，他们代表了贵族士大夫的力量；三是以宦官为首的左右神策军，他们负责皇帝的安全和京城防卫。穆宗皇帝能上位，很大原因就在于朝臣和左右神策军的共同拥戴。唐宪宗能够威慑和削平藩镇，依靠的也是以裴度为代表的贵族士大夫；而南兰陵萧氏在整个唐朝有 10 人出任宰相，是最大的世家大族之一。如果萧俛为藩镇势力的代表写神道碑，会产生两个后果：其一，导致朝臣与藩镇勾连；其二，引起以宦官为首的神策军的猜忌。不要忘了，唐穆宗曾派精锐的神策军进攻藩镇，虽然打了败仗，但神策军算是皇帝的人，如果萧俛写了碑文，不仅得罪了自己的人，还打破了三方力量的平衡。

第三，社会舆论对朝廷不利。唐宪宗能够彻底解决成德军的问题，让王承元献上土地归降朝廷，为朝廷出力，去收拾其他不听话的藩镇，是因为朝廷的荣誉依旧拥有吸引力。如果让萧俛这个职位最高的“经理人”写神道碑，不但会让朝廷的荣誉贬值，还会遭到朝臣反对，萧俛本人的声望也会受损。皇帝等于在藩镇和朝臣两边都不讨好，这是双输。

基于以上三点，萧俛拒绝了领导不合理的工作要求。唐穆宗也是聪明人，立刻就从他的话里听出玄机。萧俛不愧为一代贤相，他在拒绝领导时，也替领导做了全局性的考虑，但并未将利害关系彻底戳破，这也正是他最高明的地方，因为真正的掌舵人是唐穆宗，唐穆宗才是权力平衡之术的驾驭者，臣子是不应该考虑这一问题的，不然就有越权的嫌疑。唐朝自“安史之乱”后，虽然藩镇处于半独立状态，而且经常发生叛乱，但是朝廷能够屹立不倒，这就是由于在内用藩镇牵制朝臣、在外用朝臣打压藩镇的缘故。唐末朱温篡权，就是因为朝臣与藩镇勾结为一体。朱温一举将代表神策军的宦官势力杀光，三方势力的均衡格局被彻底打破，唐朝也就灭亡了。

总之，一个优秀的经理人要能从多个方面考虑问题。首先，要拥有全局观，对大势洞若观火；其次，当领导提出不合理的工作要求时，要能够让领导意识到其中的利害，从而把决策拉回到正确的方向；最后，要确保自己处于主动位置。如果自己的地位受损，那么就无法再掌控整个企业了，发展与壮大也就成了空话。

高招六：

如何正确使用社交语言——赵仓唐

婉转的语言，适合说给有智慧的人听。而且，永远要记住——婉转本身不是目的，给双方留有足够的回旋余地才是目的。

魏击是魏文侯的嫡长子，是魏文侯重点培养的继承人。在魏击年幼时，魏文侯就专门聘请子贡（孔子高足）的弟子、大儒田子方给他当老师。这使得魏击受到了良好的文化教育。魏国与秦国争雄，在西河发生激烈的战争。魏文侯任命魏击为将军，由他亲自领兵作战，夺取了秦国的繁、庞（约在今陕西韩城东南）两座城，受到军事的锻炼。

魏国的国力不断上升，赵国的国力却持续下降，这是因为在赵国与燕国之间，由鲜虞人建立的中山国逐渐摆脱了赵国的压制，开始反击。早在赵襄子为赵氏当家人之时，他就夺取了中山国的代郡，形成钳形攻势，使得中山国无力扩张。到了赵烈侯时期，赵国对中山国的控制有所松懈，中山国反过来袭扰赵国，并取得胜利。为了灭掉中山国，赵国请求魏国与自己一起出兵。魏文侯同意了赵国之请，派遣乐羊为大将，太子魏击随军出战。魏文侯四十年（公元前 406 年），经过了整整三年时间，联军终于灭掉了中山国这根赵国的后背之刺。

魏国和中山国之间隔着赵国，魏国要控制这块好不容易得来的飞地，就需要派遣重要的人物镇守。因此，魏文侯将中山的灵寿（今河北平山）这片土地封给了立下大功的乐羊，封太子魏击为“中山君”，还派遣重臣李悝担任国相，辅佐魏击。从表面上看，太子魏击得到了魏文侯的重用，但实际上是被剥夺了继承人身份。中山国形式上是魏国的封国，是臣属之国，作为中山君的魏击名为封君，实则是臣。要想继承魏文侯的衣钵，魏击必须回到魏国的都城，这需要一个机会。

三年后，这个机会出现了，它源于一个人——赵仓唐。

赵仓唐是中山君魏击的大臣，他问魏击："您多久没有见主上了？"

魏击说："自从我被派到中山国来，就再也没有机会回去过，只是逢年过节写信而已。"

赵仓唐说："身为人子，三年不面见父亲，这是不孝；身为父亲，三年不关心儿子，这是不慈。"赵仓唐一针见血地指出魏文侯父子之间的隔阂。

事实上，魏击早就想打破与父亲之间的隔阂，只是他不知道用什么样的方式比较合适，因而对赵仓唐说："我一直想打破这个隔阂，可是没有合适的人作为使者。"

赵仓唐说："我就是那个合适的人。"随后，他问魏击魏文侯有什么喜好。魏击告诉他，魏文侯喜欢晨凫（一种野鸭子）和北犬。

赵仓唐当即命人捕捉晨凫，又购买了矫健漂亮的北犬，然后带着这些礼物来到了魏国的国都。到了宫门外，他对侍臣说："请您向君侯禀报，就说不孝子魏击派了使者来，不敢和满朝的大夫们一起觐见您，希望将晨凫交给您的后厨，把北犬交给您的侍从。"

赵仓唐的话说得非常得体，礼物也送到了魏文侯的心坎上，因此魏文侯单独召见了他，问道："击，他好吗？"

赵仓唐的回答是："唯。"

魏文侯感到很奇怪。赵仓唐的回答十分含糊，让他不明其意。因而，魏文侯又问了一遍，结果赵仓唐的答复还是一个“唯”字。

这让魏文侯十分不快，说道：“好就是好，不好就是不好，‘唯’是什么意思？”

赵仓唐说：“您已经封我的主上为中山国之主，但仍然直呼其名，所以我不敢回答您的问题。”

魏文侯恍然大悟，赶紧改口说：“中山君还好吗？”

赵仓唐说：“我来拜见您时，他亲自送我登上了车。”

赵仓唐的这番话说得非常有深意：一方面说明魏击身体很好，另一方面说明魏击对这次派使者见父亲非常重视。

魏文侯又指着宫廷里的侍从说：“中山君长高了吗？你看和他们谁差不多呢？”

按照当时的贵族礼仪，只有身份相当的人之间才能比身高。与比自己社会地位高或低的人比身高，都是非常失礼的行为。所以，赵仓唐瞄了一眼那些侍从，答道：“身份不相等，臣不敢回答。”

在魏文侯的心里，魏击是自己的儿子，所以说得很随便。而对于赵仓唐来说，魏击是自己的主上，得处处严格遵守礼仪。这也让魏文侯意识到，魏击不再是他的孩子，而是一个有身份地位的人，所以赶紧改口说：“和我比吧，他长到我的哪儿了呢？”

赵仓唐说：“臣不敢。您赐给我家主上的衣服，都很合身，腰带也合适，不必增减尺寸。”魏文侯听了十分高兴，这个赵仓唐太会说话了。魏文侯与赵仓唐聊天的兴趣十分浓厚，问道：“中山君最近读什么书呢？”

赵仓唐答道：“学诗。”（此处指学习《诗经》）

魏文侯又问：“他最近学习了哪几首诗？”

赵仓唐答：“《晨风》和《黍离》。”

魏文侯轻轻地吟诵道：

鴥彼晨风，郁彼北林。
未见君子，忧心钦钦。
如何如何，忘我实多！
山有苞栎，隰有六驳。
未见君子，忧心靡乐。
如何如何，忘我实多！
山有苞棣，隰有树檖。
未见君子，忧心如醉。
如何如何，忘我实多！

这首诗是《晨风》，出自《诗经》十五国风中的“秦风”，“晨风”是鸟的名字，诗中表达的意思是想见的人却见不到，因而十分思念，忧心如醉，很不快乐，怪对方忘了自己。学习《诗经》是先秦贵族的必修课，也是社交必备。魏文侯当然熟知诗中意思，吟完后笑着说："看来你家主上是在埋怨我呀。"

赵仓唐的回应很有意思："我家主上时刻挂念着您，但绝不敢埋怨您。"

魏文侯又吟诵起另一首诗：

> 彼黍离离，彼稷之苗。
> 行迈靡靡，中心摇摇。
> 知我者，谓我心忧，不知我者，谓我何求。
> 悠悠苍天！此何人哉？
> 彼黍离离，彼稷之穗。
> 行迈靡靡，中心如醉。
> 知我者，谓我心忧，不知我者，谓我何求。
> 悠悠苍天！此何人哉？
> 彼黍离离，彼稷之实。
> 行迈靡靡，中心如噎。
> 知我者，谓我心忧，不知我者，谓我何求。
> 悠悠苍天！此何人哉？

这首诗的意思就更加明显了，是在埋怨父亲将自己扔到了远离国度的地方。贵族的社交礼仪就是这样，有话不明着说，中间要隔着一层，如果说得太过直白，不但显得粗鄙，而且会丧失回旋的余地。

赵仓唐用这两首诗，明白无误地传达了魏击的意思。当然，魏文侯也懂了，当即让侍从准备一套衣服，放进衣箱里，嘱托赵仓唐带回去给中山君，临走时一再嘱托，一定要在天亮前送达。

赵仓唐不敢怠慢，驾着车一路狂奔，在天亮前把衣服送到中山国，交给了魏击。魏击先对着赏赐的东西行了一番大礼，然后打开衣箱。

只见赏赐的衣服乱糟糟的，吓得赵仓唐大惊失色，以为是自己赶路过于匆忙弄乱的。谁知魏击不但不怪罪他，反而笑着对他说："快给我准备车马，君上召我回去呢！"

赵仓唐不解地说："我走的时候，君上没有召见你的指令啊。"

魏击也不多加解释，吟诵道："东方未明，颠倒衣裳，颠之倒之，自公召之。"

这也是《诗经》里的诗，名为《东方未明》。魏文侯命赵仓唐天明之前将衣服送达，而且故意将衣服弄乱，暗指"自公召之"。

魏击准确地理解了父亲给自己的这个诗歌暗号。

果然，魏击的出现，令魏文侯大喜。他召集臣僚，举行盛大的宴会欢迎儿子的归来，并向大臣们告知，恢复其太子身份，改派另一个儿子去中山国镇守。在宴会上，君臣们弹琴饮酒，吟诗祝贺。魏击趁着酒兴，上前向魏文侯祝酒，并吟诵了一句诗：

凤凰于飞，翙翙其羽，亦集爰止。
蔼蔼王多吉士，维君子使，媚于天子。

这是《诗经·大雅·卷阿》里的诗句，原本讲的是周天子出游，大臣写诗称颂。这里当然不是说魏文侯可比天子，而是借这首诗称颂君明臣贤，贤臣们聚集在明君的身边，犹如百鸟拱卫凤凰一般。这番精致的奉承话，不但让魏文侯受用，也使满朝的大臣们都得到了赞美。不得不说，赵仓唐和魏击都是社交高手，善于使用社交语言。

魏文侯五十年（公元前 396 年），文侯病重，召见吴起、西门豹等重臣，让他们努力辅佐太子魏击。不久，文侯薨，魏击登上宝座，是为魏武侯，在位 25 年，使魏国霸业更壮大了。

高招七：

找准"痛点"，把话说到对方心坎里——蔡泽

在试图说服别人之前，先记住一个真理：世界上没有任何一个人——无论他是皇帝还是乞丐，是圣徒还是普通人——会轻易地认为自己的思想是错的。如果你不能理解这句话，你将说服不了任何人。

蔡泽是战国时期燕国人，他和当时的很多知识分子一样，想找一个好的平台，施展自己的才华。他先是到了赵国，结果不受礼遇；之后又去了魏国，不过运气不好遇到了劫匪。好在这些劫匪只‘劫财’不杀人，这才使他活了下来。在魏国运气不佳，在秦国必得重用，这算是一个没有道理的规律：商鞅、张仪、公孙衍、范雎等人物都是在魏国混不下去，到了秦国就一步登天的。因此，蔡泽来到了秦国。

当时秦国的相邦是范雎，爵封应侯，秦昭襄王对他言听计从。可以说，他跺跺脚，整个咸阳都会抖三抖。

蔡泽首先拜访的就是范雎，他将此视为打开自己人生之路的敲门砖。为了能够按照预定计划行事，蔡泽先开始造势，让人对外散布消息，说蔡泽是天下无双的辩士，到了秦国必定取代应侯。范雎听了这个消息很不以为然，不过还是派人召见了蔡泽。

蔡泽见到范雎，只是作了个揖，并未下拜，这让本就不痛快的范雎十分生气，斥责他说：“你扬言要取代我的位置，这是真的吗？”

蔡泽说：“的确是这样。”

范雎忍住愤怒说：“你且说说看，若是说得不对，我再治你的罪。”

蔡泽暗示说：“商鞅相秦、吴起相楚、文种相越，都未能善终，你知道为何吗？”

范雎闻言一顿，态度变得缓和很多，绕开蔡泽的提问，辩解道:“商鞅在秦国变法，使秦国成就霸业；吴起侍奉楚悼王，使私室不能损害国家；文种辅佐越王勾践，灭吴国报了仇。这三个人都是成就大业的榜样啊。”

待范雎话音一落，蔡泽立刻接着其话题说:“有胸怀的人，谁不想成就大业呢？商鞅成就了秦国的霸业，但遭到五马分尸；吴起为楚国变法图强，但被贵族们乱箭射死；文种成就了越王，但被赐剑自尽。这难道是成就大业的人所期待的吗？”

蔡泽的话令范雎默然，他的神色变得十分沮丧。这是因为蔡泽戳中了长久以来困扰他的心事。范雎本是魏国人，是中大夫须贾的门客，一次随须贾出使齐国，听到齐襄王指责魏国反复无常，在当年燕国“五国伐齐”的战争中充当帮凶。须贾面对指责，竟然说不出话来。作为使团成员，范雎当即站起来反驳，其雄辩获得了齐襄王的尊重，使魏国在外交上赢得了颜面。然而，须贾却觉得很丢脸，回国后便诬告范雎接受了齐国的重贿，给他安上了“通敌”的罪名。

魏国丞相魏齐大怒，命人将范雎捆了起来，鞭打得奄奄一息后扔进了厕所里。下人们以为他命不久矣，就将他扔到了荒野里。有个名叫郑安平的人知道后，救了他，并将他藏了起来。郑安平得知秦国的使臣王稽来到了魏国，就想尽办法安排他和范雎会见。王稽认为范雎是个贤人，就将他带回了秦国。

到了秦国后，范雎的身体逐渐恢复，他向秦昭襄王上疏自荐，得到重用，成为相邦，制定了“远交近攻”的政策，为秦国开疆拓土，使秦国国力大增。随着范雎地位的上升，他的救命恩人郑安平和王稽的地位也水涨船高。

范雎向秦昭襄王极力称赞二人的能力，使郑安平被任命为将军，王稽也从谒者（传达和通报事务的官吏）一跃成为封疆大吏河东郡守。

然而，在秦赵大战中，郑安平和他的两万大军被赵军包围，郑安平随即投降赵国，被封为武阳君。王稽的结局更惨，他被下属告发私通诸侯，被处死弃市。由于荐人不当，范雎有了政治污点，这令他惴惴不安。蔡泽用商鞅、吴起、文种三人的结局，来暗示范雎应该懂得功成身退。范雎立刻改容，很恭敬地向蔡泽施礼说："请先生教教我吧。"

蔡泽说："《周易》上说，亢龙有悔。君子应该懂得水满则溢、功成身退的道理。"

范雎认为蔡泽说得对。几天后，他便辞去相位，并向秦昭襄王推荐了蔡泽。回到封地后，范雎不久就病逝了。蔡泽得到秦昭襄王的信任，被任命为新的相邦，封为纲成君。蔡泽在秦国为官长达十余年，经历了昭襄王、孝文王、庄襄王三位君主。

蔡泽最高明之处就在于，他精准抓住了范雎的"痛处"，洞悉了他内心最隐秘的担忧，把话说到了他的心坎里，这才让范雎心甘情愿地退位让贤，其说服能力着实不容小觑。

高招八：

找准时机再开口——冯谖

在正确的时间、用正确的方法说出来的话，即便不加修饰，也是“金玉之言”；在错误的时间、用错误的方式说出来的话，无论如何润色，终归都是废话。

孟尝君田文是齐威王的孙子、齐国宗室田婴的儿子。他继承了父亲的封地薛城，养了三千门客，与赵国的平原君、魏国的信陵君、楚国的春申君合称“战国四公子”。

孟尝君的门客里，有擅长剑术的技击高手，也有能言善辩的策士，还有身怀奇谋的谋士，当然也有一些吃闲饭的。孟尝君认为，自己的封地物产丰厚，不在乎多养一个闲人，因而将那些蹭吃蹭喝的人都留着。冯谖就是这么一个人，孟尝君不知他有何长处，但还是留着他，给了他最低的待遇。

冯谖上马不能杀一敌，入幕不能定一策，但他认为自己并非那种可有可无的员工，最低待遇配不上自己。可是，怎样才能让老板知道自己不是一般员工呢？

一天，提供饭食的人员来了，将一碗没有肉的饭丢给他。冯谖就靠在柱子上，拔出长剑，用手指弹着剑锋。伴随长剑发出虎啸龙吟的声音，冯谖唱道：“回去吧，我们还是回去吧，吃饭连鱼肉都没有啊。”管后厨的人把听到的话告诉孟尝君，孟尝君下令给冯谖增加鱼肉，提高伙食待遇。

冯谖安生了几天，看到有的人出入坐着车，就靠在门边上弹剑唱道：“回去吧，我们还是回去吧，出门没有车啊。”

很快，就有人打了小报告，把冯谖唱的歌告诉了孟尝君。孟尝君笑了笑，让人给冯谖安排车驾，从此他成了有车一族。有了车的冯谖经常出门拜访朋友，还对朋友吹嘘说：“孟尝君非常重视我。”

冯谖尽管拥有了上等门客的待遇，但很快又弹起了剑、唱起了歌。这次唱的是：“回去吧，我们还是回去吧，没有钱养家啊。”其他门客都很厌恶冯谖，纷纷给孟尝君出主意，建议将他撵走。但孟尝君不为所动，派人调查了冯谖的家庭情况，得知他有一位老母亲，就让人送钱给他，让他赡养老母亲。此后，冯谖就不再唱歌了。

享受上等门客的待遇，当然要为老板干些力所能及的事。一次，孟尝君派冯谖到封地薛城去收税。临走前，冯谖问孟尝君：“回来的时候，需要买点什么呢？”

孟尝君说：“你看这里缺什么，就买点什么吧。”

冯谖到了薛城，把向当地人征税的凭证都烧了。为此，百姓们都称颂孟尝君的仁义。冯谖回来后，孟尝君看见他两手空空，便问道：“你买了什么？”

冯谖：“我为你买了义。”

孟尝君虽然心中不悦，但也没有说什么。

不久，齐王不再信任时任国相的孟尝君，罢了他的官，让他回封地去。薛城百姓听说孟尝君回来了，都纷纷扶老挈幼，出城十里来迎接他。这让孟尝君真正产生了回家的感觉。

齐王得知这件事后，认为孟尝君在百姓中威望很高，是自己错了，因而重新将他召回，让他继续担任国相。孟尝君这才深刻地意识到，冯谖高瞻远瞩，不是一般的员工，好在自己一直容忍他。从此，冯谖成了他最重要的谋士。

冯谖所说的每句话，都非常直白易懂，并没有什么高深的含义；但他最高明之处，就在于深谙领导心思，能把话说在最正确的时机，把自己的需求间接地告诉领导，从而获得了应有的待遇。此外，在合适的机会之下，他又为领导可能面临的危机提供了前瞻性的解决方案。这样的好员工，哪个老板不想拥有呢？

肆

合纵·连横

——张弛有度，顶尖社交艺术

高招一：
在交游中寻找有才能的合作者——王猛

关系是“跑”出来的，门路是“走”出来的，脑筋是“动”出来的。一动不动啥也不干，结果就是没关系、没门路、没脑筋！

王猛出身寒微，少年时后赵已席卷中原，东晋则偏安于江左。他和众多的北方人一样，遭遇战争与饥荒，颠沛流离，生活十分悲苦。尽管如此，他仍然手不释卷，以天下为己任。

一次，他参加后赵司隶校尉徐统举办的宴会。徐统很赏识他，想征辟他为功曹。他很感谢徐统的赏识，但是拒绝了这次踏入仕途的机会，认为后赵此时虽然实力强大，但是内部危机重重，对自己来说并非一个好的时机。

世事果如王猛所料。后赵在一年之中有三个帝王轮番上台，内部爆发了血腥的夺权战争。东晋永和十年（354 年），东晋将领桓温北伐，进兵关中，关中父老夹道欢迎。王猛想一睹桓温的风采，也去拜访了。

桓温请王猛谈谈他对天下时局的看法，王猛一边捉身上的虱子，一边纵谈天下大局，旁若无人。桓温对他的气度和格局都暗暗称奇，因此道出了自己心中的一个疑惑。他说："我奉天子之名，统率精兵讨伐凶蛮之徒，为百姓谋取安宁，为何关中豪杰却不来我的大营投效呢？"

王猛十分清楚，桓温此次北伐，目的在于靠军功谋求声望，并不是真的想为晋朝收复北方。因此，他直言不讳地说："您率领大军不远千里而来，却不肯渡过灞桥收复长安，关中豪杰看不透您的心思，故而不来。"

王猛一句话就戳中了桓温的心窝子。桓温之所以不肯进攻长安，是因为夺取长安会消耗他的实力，但夺取的国土属于晋朝，而不属于他。他虽进军中原，但也有留敌自重的想法。王猛的见识再一次让他折服，他很有感触地说："江左没有一个人比得上您的才能啊。"桓温离开关中前，赠予王猛豪华的车马，希望他能随自己南归，帮自己成就大业，但是被王猛拒绝了。他虽与桓温结交，但无意辅佐桓温。他很清楚桓温虽身为晋朝臣子，但心怀篡逆之心，这在世家大族盘踞的江左首先就失去了道义上的支持，因而不可能成功。王猛有拯救天下的志向，但桓温并非他最好的选择。

良禽择木而栖。青年时期的王猛，交游广泛，所结交者不乏上层人物，然而在乱世，他不会轻易地加入某个团体。早期参加社交活动，实际上是王猛为了方便对各方人物做深入调研，以此发掘合适的伙伴。

王猛与前秦尚书吕婆楼交好，他们经常讨论天下大事。当时前秦君主苻生是个暴君，动辄诛杀臣子，以致大臣们都很害怕他，宗室皇亲也离心离德。东海王苻坚素有拯救天下的大志，但是无人为他出谋划策，吕婆楼便向他推荐王猛。王猛与苻坚彻夜长谈，越谈越投机。苻坚欣喜若狂，视王猛为难得一遇的人才。

在王猛的谋划下，苻坚登上了皇位。苻坚因始平县豪门最多，难以治理，任命王猛为始平令。很显然，这也是苻坚对王猛治理才能的一次考验。王猛上任伊始，就诛杀了当地为非作歹的滑吏，只用了几个月就让始平秩序井然。苻坚很高兴地对他说："你真的是子产、管仲一类的人物。"

36岁这一年，王猛连续5次升职，先后任尚书左仆射、辅国将军、司隶校尉，获得了与年轻时赏识他的徐统一样的官位（司隶校尉）。

王猛虽然位高权重，但因为在打击权贵时采取了铁腕政策，因而在朝中树敌很多，被氐族贵族们孤立。名将邓羌战功卓著，但位在王猛之下，王猛却能放低姿态，故而邓羌对他十分尊重。甘露元年（359年），王猛与邓羌为整肃朝纲，通力合作诛杀了违法的20多位贵族，由此吏治为之一清。苻坚也因此更加看重王猛，让他监督百官。

在消灭前燕的战役中，王猛担任统帅，节制十员大将，率领6万大军东进。苻坚将其送行到长安的灞上，表示自己将率领大军为后援。王猛胸有成竹地说："我扫荡残敌，犹如秋风扫落叶，大王您只要建造好给俘虏的屋舍就行了。"苻坚听了大喜。

在此次东征中，王猛以6万精兵打败前燕的30万大军，夺取了前燕的重镇晋阳。在向前燕国都邺城外围发起进攻的前一个晚上，他派遣大将徐成查探敌情。徐成因未能按规定期限回营，被王猛下令处死。当邓羌和别的将军求情时，王猛并未答应。

邓羌不满地回到自己的营帐后，王猛立刻赦免了徐成。邓羌认为，这是王猛给自己面子。当王猛下达军事任务时，邓羌又向王猛要官职，希望他能向苻坚进言，把司隶校尉的位置留给自己，王猛都答应了他。这令邓羌十分高兴。作战时，他率领诸将奋力厮杀，以一当十，击溃前燕大军，使对方损失5万人。

高手高招

扫平邺城外围的敌军后，前秦大军包围了这座著名的都会，前燕的君臣不得不开门投降。

由于王猛在政治、军事上的一系列成就，苻坚任命他为丞相。苻坚经常说，自己遇到王猛，就像蜀汉先主刘备遇到诸葛亮，如鱼得水。在王猛的辅佐下，苻坚统一了整个北方，建立了十六国时期势力最强大的王朝。

王猛的成就，一方面与其卓越的政治、军事才能有关，另一方面又和他善于社交有关。在没有出仕之前，他就与各方势力广泛交往，后赵、东晋、前秦都希望他能出来做官。但是他没有草率地做决定，就像高卧隆中的诸葛亮，对局势有清醒的判断，最终加入了一个能最大化施展自己才能的团队。

高招二：
有本事才是硬道理——左宗棠

当你对他人的一切足够了解，并能够深入他的领域，和他在各方面找到共同点，在同一层次上对话时，你才能真正与他产生联系。记住，人脉永远是近路。

高手高招

左宗棠是湖南湘阴人，虽然读书十分用功，但是中了举人之后，就再也未能在科举上更进一步。这是因为，左宗棠偏重于实用之学，而晚清的会试内容依旧走在八股的老路上，与其学术取向不尽一致。左宗棠虽然没有考上进士，但却以举人的学历，最后成为疆臣，建立了不世的功业，与曾国藩、李鸿章并称“晚清三大名臣”。

要知道，明清以来，入阁必须是翰林，也就是进士中的头等，这几乎成了一条定律。左宗棠却以举人的身份进入内阁，成为大学士，这不但在清代的历史上罕有，在整个中国古代史上也是罕见的。他究竟有何过人之处？他的身上真的闪烁着“主角光环”吗？

左宗棠出身书香门第，他的父亲左观澜担任过知县。从 6 岁开始，左宗棠就跟着父亲在省城长沙读书。相较于八股之学，他更热衷于经世致用的学问，尤其喜欢读明人顾祖禹的《读史方舆纪要》、顾炎武的《天下郡国利病书》，把解决现实问题的学问当作毕生之学。19 岁那年，父亲去世了，守孝的左宗棠听说长沙名士贺长龄在籍，便去拜访。

贺长龄比左宗棠大 27 岁，是二品的布政使，但与这个青年有过一席谈话后，便连呼他为“国士”。原来，那本著名的实学巨著《皇朝经世文编》挂的是贺长龄的名，实际是魏源所编，左宗棠拜访他，等于找到了自家的门。

贺长龄极力提倡经世致用之学，出现在眼前的左宗棠怎能不令他视若“国士”呢？当左宗棠谈及节衣缩食买书来读时，贺长龄痛快地表示：以后你不必买书了，想读什么书，来我的藏书楼取便可。此后，左宗棠成了贺家的常客。无论左宗棠提出读哪本书，贺长龄都亲自一级一级地登上狭窄的楼梯，把书取来交给这位年轻人，有时候还要上上下下跑好几趟。每次左宗棠来还书，两人都会就书中的内容畅谈半日。贺长龄叹息地说：“天将降大任于君矣，望季高（左宗棠的字）笃志践行之！”

道光十一年（1831 年），得到贺长龄关照的左宗棠来到长沙城南书院读书。这里的书院山长是贺长龄的胞弟贺熙龄，他同样是经世致用之学的践行者。城南书院位于妙高峰，可以说是传播湖湘文化的中心。贺熙龄比左宗棠大 24 岁，翰林出身，曾担任湖北学政、山东道监察御史等职，虽然只教了左宗棠一年，但此后十年二人书信不辍，保持了终生的师友关系。

湖南巡抚吴荣光在长沙创办了湘水校经堂，贺熙龄便推荐左宗棠来这里读书。吴氏不但是封疆大吏，而且是经世派的学者。他认为学子读书只偏重科举之学实为陋习，故而在学院里大力倡导通经史，用于治世的学问，树立起一股新学风。这对左宗棠而言，简直是如鱼得水。他的学习成绩极为优异，“书院膏火以佐食”，相当于获得了助学金，从此不用交学费，还有生活补助。

左宗棠在校经堂的考试中多次获得第一，然而参加乡试时却落榜了。因为考官是八股文专家，不可能看上左宗棠的文章。巧的是，当年正值道光帝五十大寿，要从落榜的士子中“搜遗”，也就是挑选遗落的人才。这样一来，左宗棠的考卷入了选。尽管考官对卷子内容仍有质疑，但是在吴荣光的坚持下，左宗棠终于位列举人。

中举之后的数年里，左宗棠进京参加会试，但都与进士无缘。他的老师们却官运亨通，就连在北京考试时结识的好友胡林翼也中了进士。眼看左宗棠科场蹭蹬，他的老师们都觉得过意不去。吴荣光推荐他到醴陵渌江书院当山长，相当于任校长。在这里，左宗棠遇到了他人生中的另一位贵人——两江总督陶澍。

道光十七年（1837 年），陶澍回乡经过醴陵。如何安排这位湖南大佬的食宿，当地县令想得非常周到，他请左宗棠专门在馆舍门上写了一副对联：春殿语从容，廿载家山，印心石在；大江流日夜，八州子弟，翘首公归。陶澍见了这副对联，击节称赞，派人询问对联是谁写的，要求立刻相见。陶、左二人一见如故，不知不觉聊到了天亮，从而成为忘年之交。左宗棠在写给夫人的信中说："督部勋望为近日疆臣第一，而虚心下士，至于如此，尤有古大臣之风度。"

道光十八年（1838 年），左宗棠又一次进京参加会试，绕了一个大圈跑到南京拜访陶澍。陶澍视左宗棠为上宾，指着自己的位置说："将来你也会坐上这个位子的，甚至还会在我之上。"当他得知左宗棠之女左孝瑜的年龄后，还为儿子陶桄求了亲，从此陶、左两家成了亲眷。陶澍完全忽视两家的门第，以总督之家向布衣之门提亲，可见左宗棠身上闪烁着何等的魅力。毕竟，英才身上的光辉是遮不住的。

陶澍任两江总督时，江苏巡抚是林则徐，督抚同城办公，二人志同道合。陶澍多次夸赞左宗棠，因此还未见面，林则徐就对左宗棠有了深刻印象。后来，林则徐调任云贵总督，请左宗棠当幕僚。当时陶澍已病逝，左宗棠因照顾陶家老小脱不开身。多年后（1850 年），林则徐返乡回到福建，特意绕道长沙，邀请左宗棠见面。两人在湘江的船中彻夜长谈，林则徐把自己在新疆整理的资料交给左宗棠，认为将来能够整顿西北大局的，唯有左宗棠。后来，林则徐向他人谈及这次会面时，称左宗棠是“绝世奇才”。

咸丰二年（1852 年），太平军围攻长沙，左宗棠好友郭嵩焘向湖南巡抚张亮基举荐左宗棠，使左宗棠成为入幕之宾。张亮基在左宗棠的协助下，多次击退太平军的进攻。太平军围攻长沙三个月后，最终无功而去。湖南注定要成为左宗棠的发迹之地。张亮基调任湖广总督后，左宗棠也曾追随入幕；但张亮基被调往山东为巡抚后，左宗棠却回到了湖南。当时，太平军在湖南北部驰骋，贫苦的人接连起事响应，长沙危如累卵。湖南巡抚骆秉章焦头烂额，左宗棠又一次进入湖南巡抚幕府。骆秉章把军事事务悉数交给左宗棠，自己乐得做甩手掌柜。左宗棠也不负所托，昼夜思虑对敌，逐渐扭转了湖南的糟糕局面。

左宗棠的名声越来越大。在一干大僚的举荐下，清王朝赐予他四品卿衔。由此，左宗棠终于看到了人生的曙光。从 40 岁开始，一直到 49 岁，左宗棠先后在张亮基、骆秉章、曾国藩的幕府当师爷。然而，仅仅过了 4 年，他就被任命为浙江巡抚。这一跃升固然与他镇压太平天国的军功有关，然而在过往的大半生里，他的社交往来和人脉铺垫已经使他的名声上达天听。陶澍、林则徐、胡林翼、曾国藩、骆秉章、张亮基无不成为他成功之路上的风帆。备受咸丰帝信任的大臣潘祖荫在一封奏折中写道："是国家不可一日无湖南，而湖南不可一日无左宗棠也。"此后，左宗棠历任闽浙总督、陕甘总督，并为维护祖国的主权完整，率军收复新疆，立下了彪炳千秋的功勋。

现在，我们可以回答本节开头的问题了：为何人人都看重左宗棠？他究竟有什么高招能讨得这么多人的喜欢与看重？其实，一个人在社交中的魅力，来自他自身。一个人的人品、才华和能力，决定了他会结交什么样的朋友。优秀的人之间，具有天然的作用力，既是彼此的试金石又是磨刀石，既能检验对方又可互相提高。

高招三：

人脉就是最好的投资——胡雪岩

所谓资源，就明晃晃地摆在那儿，不是有没有的问题，而是谁来用、怎么用、用来干什么的问题。想明白这三问，你就读懂了胡雪岩。

高手高招

胡雪岩在晚清商界是一个传奇。他没有受过多少教育，自 12 岁时父亲病故，就不得不想办法谋生。他的人生之路，是从做小伙计，也就是从最底层开始的。他最初在杭州的杂粮行、金华火腿商行干活，后来到了杭州的信和钱庄，工作内容是打扫卫生和倒夜壶，也就是杂役。他虽然干的是杂役，但是为人十分乖巧，很会来事，尤其是能看懂老板的眼色。所以三年之后，他成了钱庄的业务伙计，这就好比银行保洁转成了银行柜员。

胡雪岩的发迹，始于阜康钱庄。那一年他 19 岁，在钱庄当学徒。钱庄的老板姓于，没有儿子，便将胡雪岩视作亲儿子，临死前把钱庄的经营权交给了胡雪岩。那时的胡雪岩虽然年轻，但是在钱庄的历练让他明白了一个道理——花花轿儿人抬人，生活在社会上，要靠人们彼此帮助和支持。

人要懂得彼此成全，也就是建立自己的人脉网，有了这张网，才能赚大钱。这时候，一个名叫王有龄的读书人出现在胡雪岩的视野里。胡雪岩和他进行了一番交谈后，发现他对衙门里的运作十分熟悉。原来王有龄的父亲王燮担任过知县，曾将儿子带进衙门为自己办文案。王有龄办文案的能力很强，但是考试却不得要领，以致考了好几回，连个举人都没有捞着。无奈之下，家里就给他捐了官。所谓捐官，就是花钱买官。当时，清王朝的财政十分困难，为了增加收入，捐官之风盛行。不过，捐官多是候补，要有了补缺机会才能实授。不然，只有其名，而无其实，就领不到一分钱的俸禄。王有龄既然捐了官，那么缺的就是一个机会。胡雪岩从商人的角度考虑：生意不会自己找上门，补缺也是一样。他将500两银子交给王有龄，让他去打点，王有龄的机会就这样来了，不久就补了实职。

清咸丰元年（1851年），王有龄调任湖州知府，开始“反哺”胡雪岩。很快，胡雪岩得到了代理湖州公库的机会。所谓湖州公库，也就是当地的财税收入，相当于拿到了政府财政管理经营权。

胡雪岩先是办起丝行，他用公库的现银扶持农民养蚕，蚕产得丝后，拿到杭州、上海出手，除去利润后，将公库的钱上交浙江省“藩库”，这个过程是不需要交一厘利息的。胡雪岩做事八面玲珑，与浙江官场上各方人物的交往日深，生意越做越大。当时他得到一个消息，浙江巡抚黄宗汉将离任。他立刻带了一船土特产和1.5万两银子直奔苏州，拜见江苏学政何桂清。

此次拜访中，胡雪岩向何桂清表达了两个意思：一是浙江巡抚将空缺；二是赶紧进京打点，拿下这个职位。何桂清得到内部消息，又有了资金加持，于是立刻运作，果然被任命为浙江巡抚。有了何桂清的支持，胡雪岩的钱庄、生丝、药店、当铺遍布整个浙江省，并朝全国发展。

咸丰七年（1857年），何桂清升迁两江总督，王有龄也成为江苏布政使。有了此二人的支持，胡雪岩的生意在江浙一带无往不利。胡雪岩的飞跃性发展，发生于1860年英法联军入侵期间，大量的募兵经费被存入他的钱庄。当时王有龄已调任浙江巡抚，他将办理粮草、军械乃至浙江省的漕运等事务都交给了胡雪岩。可以说，胡雪岩掌控了当时浙江省一半的财政。

当然，生逢乱世，难以避免风险，关键在于如何掌控风险。咸丰十一年（1861 年），太平军攻破杭州，王有龄自尽，何桂清早已逃跑。从表面上看，胡雪岩的两大靠山都倒了。但是，山可以崩，人也可以动。左宗棠出任浙江巡抚后，胡雪岩很快又搭上了他的线。胡雪岩能得到左宗棠的重视，一个很大的原因在于他的理财手段。左宗棠可以通过军事取胜，但不能用同样的方法安民。收复杭州城后，最重要的事情就是善后。胡雪岩出钱办粥厂、施医药、抚恤受到战祸的百姓，获得了好的名声。左宗棠将浙江全省的钱粮、军饷都交给胡雪岩处理，也使他获得了巨大的利润，进而走上官商之路。

胡雪岩能巧妙地铺设人脉，运用高超的交际手腕，与其深谙人性是分不开的。下面以为左宗棠筹措军饷、向洋行借款为例进行分析。胡雪岩向左宗棠引荐了泰来、汇丰两家洋行的经理，其中汇丰是中间人，泰来是借款方，事情办得相当顺利。事后，左宗棠有一事不解，询问胡雪岩：既然是向泰来借款，为何要拉上汇丰？胡雪岩解释道："汇丰是洋行的行业领袖，有了汇丰出面，调度款项会更加顺畅。好比朝廷派钦差来浙江办差，到了地方与大员沟通，事情未必顺畅，但这时候若左大人出面，不但地方上配合，朝廷也认可。"这一顿巧妙的吹捧，即便是左宗棠，也难免落入彀中。

当时清廷向洋人借款，要以海关税收为抵押，也就是需要海关出具税票做担保。由于胡雪岩的生意大、信用好，重要的是钱庄确实有大量银子，故而洋行免了这道程序。当左宗棠询问这一道流程时，胡雪岩并不显摆自己，而是将此归功于左宗棠在外国人心目中的分量。

同治十一年（1872 年），胡雪岩的资本达到 2000 余万两，他不但掌控着多个行业的生意，还购置了万亩良田。左宗棠向朝廷奏报他的功劳，他被授予江西候补道，赏穿黄马褂，成为真正的红顶商人。

左宗棠率军出征，实际上已经脱离了胡雪岩的商业基本盘浙江省。不过，胡雪岩的目光更加长远，他积极满足左宗棠的军事需求，解决军械、粮草和药品短缺等问题。当时，向上海的洋行借款十分艰难，因为英国人对左宗棠的西征持观望态度。不过，胡雪岩转变思路，向借款利率最高的英国人借款，这使得英国人的态度发生 180 度大转弯，不但给予金钱支持，还为西征军提供了大量快枪。胡雪岩先后主导向洋人借款 1870 万两银子，从而解决了西征军的军饷、粮秣和军械问题，保障了左宗棠军事上的成功。

胡雪岩的成功，有时代的原因，但更与其个人有着莫大关系。人脉就是胡雪岩最成功的投资，无论是对王有龄、何桂清还是左宗棠，他都是首先成就对方，对方成功了，他也就成功了。他精通社交之道，商业上的成功，与其说是对事业的投资，不如说是对人的投资。

高招四：

社交也是领导力——韩安国

有时候，能“平事儿”比能“做事儿”更容易受到器重。这是因为，世上能做事儿的人已经足够多，但真正能平事儿的人却是凤毛麟角。

西汉名臣韩安国是历史上著名的社交牛人，尤以结交高端人物著称，曾以其社交能力一次次化解危机，成为领导的得力臂膀。韩安国是梁国成安县人，后徙居睢阳。他最初的领导是梁孝王刘武，刘武任命他为将军。西汉实行的是郡国并行制，除了直属中央的郡县外，皇帝将宗亲分封为王，赏赐大批土地。这些王爷在封国内权力很大，不但可任命官职，而且可铸钱冶铁，拥有军队。

汉景帝时，诸王发动叛乱，直接进逼西汉中央政府，这就是“七国之乱”。梁孝王的封地在河南，刚好夹在叛军与长安之间，于是他派遣张羽和韩安国抵挡叛军。二人不辱使命，挡住叛军三个月，从而使得汉廷有时间调动军队和物资，最终平息叛乱。自此，韩安国声名鹊起。

韩安国的领导梁孝王是当朝皇帝汉景帝刘启的胞弟，是与皇帝血缘最近的王，因而受封的土地非常广阔。他的梁国，北以泰山为界，西达高阳，共有 40 余城，而且多数是大县。加之他在“七国之乱”中立下大功，地位荣宠更是一时无两。不过，发动“七国之乱”的吴王刘濞、赵王刘遂、济南王刘辟光……哪一个与皇帝没有血缘关系呢？哪一个地位不荣宠呢？种种迹象表明，汉景帝对这个亲弟弟已经有所忌惮。就连太后，也就是刘武的母亲，也拒绝接见梁国派来的使者，而这个使者正是韩安国。

真正的高手，当一扇门被关上的时候，他会寻找另一扇门。韩安国正是这样的人。被太后与皇帝拒绝召见，韩安国便搭上了汉景帝的姐姐馆陶公主刘嫖的线。刘嫖告诉韩安国，梁王行为不检点，触怒了皇帝，故而皇帝不肯见梁国使者；至于太后，则是因此事迁怒于梁国使者而已。原来，梁王刘武自从立下大功后，自恃是皇帝的一母同胞，便开始有点儿飘，出行时竟然使用和天子一样的仪仗与车驾。汉景帝认为胞弟有不轨之心，故而生了嫌隙。知道原因后，韩安国立马在馆陶公主刘嫖面前演了一出戏。他一边哭一边说："太后对于儿子的孝心、皇上对于弟弟的忠诚，为何不能明察呢？当初七国叛乱，函谷关以东的王国都联合起来向西进军，梁王想到太后和皇帝哥哥在关中，便命令我们拼死抵抗，经常因为担忧而流泪。他使用的仪仗和车驾也是当今皇上赏赐的，为了彰显荣耀，才在荒僻的小地方炫耀一下。平定七国叛乱，梁王是立了大功的，为何因一些小节而不怜惜他呢？"

馆陶公主认为韩安国说出了实情，因而对他青睐有加，并把他的话告诉了太后。窦太后很高兴地说："我要亲自向皇帝转达。"汉景帝得知后，解开了心中的疙瘩，立刻接见了梁国派来的使团，并对每个人都进行了赏赐。窦太后、馆陶公主则单独给予韩安国重赏。由于韩安国此次出使的成功，梁王不但转危为安，而且地位更加巩固。

汉景帝是释然了，但梁王刘武的行为却丝毫未加收敛。他招纳策士公孙诡、羊胜为自己谋划，企图得到皇位继承人的身份，还派人刺杀了汉景帝的干臣袁盎，请求汉景帝封自己为皇太弟。

汉景帝十分生气，派人调查这是谁的主意。得知谋主后，他便派官吏赴梁国缉拿公孙诡、羊胜二人。刘武竟将二人藏在自己的宫廷里，使得连续来了十批官员都抓不到人。韩安国求见刘武，对他说：“大王，您与当今皇上的关系，有当年高皇帝与太上皇的关系亲近吗？”韩安国所说的高皇帝是汉高祖刘邦，太上皇则是刘邦的父亲刘太公。刘武回答道：“我与当今皇上是兄弟，高皇帝是太上皇的儿子，我比不了。”韩安国又问：“那当今皇上与临江王的关系，与和你的关系相比呢？”刘武说：“临江王是当今皇上的儿子，我也不能比。”

韩安国说：“那就对了，太上皇是高皇帝的父亲，尚且不能参与政事；临江王是当今皇上的儿子，犯了错还自杀了……为何您觉得可以超越他们，为所欲为呢？”

刘武听后大汗淋漓，向韩安国认错，赶紧把公孙诡、羊胜交给了汉朝中央政府派来的官员。后来，公孙诡、羊胜二人自杀。韩安国再次化解了汉廷与梁国之间的嫌隙，其处事能力得到汉景帝和窦太后的注意。

梁孝王刘武自知登上皇位无望，便郁郁寡欢，后来患热病去世了。其子刘买继承了王位。韩安国因为犯了小错，被罢免官职，闲居在家。汉武帝即位后，他的舅舅武安侯田蚡担任汉朝太尉。韩安国就与田蚡结交，给他送礼物。在田蚡的举荐下，韩安国被召入汉廷，任命为北地都尉，后升迁为大司农。田蚡担任丞相后，韩安国被任命为御史大夫，成为朝廷的高级官员。

田蚡与魏其侯窦婴不和。窦婴圈子里的官员灌夫就借酒在田家的酒宴上骂座，使武安侯与魏其侯的争端闹到了汉武帝面前。汉武帝命令他二人在长乐宫辩论。二人互相指责对方，爆对方的黑料，闹得很不成样子。汉武帝十分生气，向韩安国咨询，韩安国回答道："魏其侯说灌夫的父亲在七国叛乱中为国捐躯，灌夫本人也冲入敌营死战，身负重伤，立下大功，这些都是事实，不能因为借酒骂座就被判死刑；丞相说灌夫结交奸邪，欺压百姓，横行颍川，积累财富以亿计算，丞相的话也有实据。还请英明的主上自己裁决。"汉武帝对韩安国的回答很是满意。

离开朝堂后，田蚡招呼韩安国上自己的车，很不高兴地说："我对付一个秃老头，你怎么还言语那么犹豫呢？"田蚡是在埋怨韩安国没有明确地和自己站在同一战线上。韩安国说："在皇上面前，魏其侯诋毁您，您应该摘下官帽，解下印绶，还给皇上，并向皇上请罪说：'我因为是皇上的腹心，侥幸得到现在的官位，本就不称职，魏其侯所言太及时了，我请求自解官职。'皇上听了您的话，会认为您有退让的美德，而魏其侯会不因此而羞愧吗？怎么能像市井小人物一样互相攻击呢？"

田蚡一听，说："一时冲动，竟然没有想到这一点。"他不再责怪韩安国。后来，魏其侯窦婴、灌夫被杀，并且遭到灭族之祸。田蚡更加认为韩安国的话很有道理。

纵观韩安国的一生我们可以发现，他是一个非常有军事才能的将领。但与一般征战于疆场的战将不同，韩安国有着很高的外交手腕，善于与上流人物往来，而且总能化解危机，使事情得到良好的处理，这正是他最厉害的高招。无论是汉景帝时期，还是汉武帝时期，他与内廷、外朝的关系都十分好。在一个组织系统里，他是典型的润滑剂式的人物，能够在各方关系中进行转圜，消除芥蒂，因此不可或缺。可以说，无论是梁孝王还是汉武帝，得到了韩安国这样的臣子，都等于得到了有力的臂膀。

高招五：

始于颜值，陷于才华——李白

你有两张社交名片：一张印在纸上，写着你的信息；一张刻在人们心里，记录着你的“价值”。

事实上，当你有了第二张名片之后，第一张名片便无足轻重了。

说李白是大唐都城长安的第二社交明星，无人敢居第一。

李白的出身是个谜，就连他自己写的“简历”也对此讳莫如深。他说自己的远祖是凉武昭王，也就是十六国时期的开国君主李暠。这么说，他与大唐皇帝是同一个祖宗。但是说到祖上三代时，他却语焉不详，除了知道父亲叫李客外，再往上的亲属就不得而知了。因而后世推测，这涉及唐王朝的一宗公案，那就是“玄武门之变”。后世认为，太子李建成有一个儿子在这场政变中活了下来，跑到了域外，李白就是他的后裔。玄宗时，这场政治斗争已经过去了半个多世纪，在中宗神龙年间，李白一家已经悄悄回到蜀中定居下来。

开元十二年（724年），李白辞亲远游，离开蜀地，拉开了他一生的社交大幕。

后人认为，李白不但诗歌写得好，还是一位剑术高手，以诗剑并称“双绝”。其实，李白还有一绝，那就是交友，可以说走到哪里，哪里就有他的朋友，超级社牛说的就是他。

友人吴指南病故，李白亲自安葬，数年后还亲自为他改葬。在扬州时，他一年散尽30万金，一方面说明他出手阔绰，另一方面说明他是真的有钱。在陈州时，他结识了书法家李邕，之后又与隐居鹿门山的大诗人孟浩然结交。孟浩然比李白年长12岁，但与李白十分投缘，两人经常在一起吟诗喝酒。从此之后，他们的友谊伴随了李白的一生。毕竟，谁不愿意与有权富有的人做朋友呢？

李白谈吐不俗，又是一个超级帅哥，在安陆（今属湖北）引起了当地望族许家的注意，前宰相许圉师的孙女许氏成了他的良偶。李白的志向显然不是做富家婿，靠脸吃软饭；相反，他以管仲、诸葛亮自比，在《上安州裴长史书》中说“大丈夫必有四方之志”，说明他也要做宰相一类的人物。

不过，在如何进入仕途的问题上，李白不屑于参加科举，他想通过社交的方式，引起最高统治者的注意。后世对李白不断干谒名流诟病颇多，这是不大了解李白所受教育的缘故。李白早年受教于蜀中名士赵蕤。赵氏以纵横家思想闻名，这是顶级的博弈之术。受到这种教育的李白崇尚的是苏秦、张仪、管仲、乐毅这类人物，是要一竿子捅到底的；何曾听过管乐这样的贤才是靠参加科举，从小官干起的？

李白娶了许圉师的孙女后，自称“酒隐安陆，蹉跎十年”，事实却是他并未安享家庭生活时光，而是不断地为他的社交添光加彩。开元十八年（730 年）初夏，他来到长安，拜见了宰相张说。

这位诗人宰相并没有照顾李白，他的儿子张垍却与李白十分投缘。张垍是当朝驸马，娶了唐玄宗的女儿宁亲公主。于是，他将李白引荐给了玄宗皇帝的妹妹玉真公主。这位公主好道，早年也是文艺女青年，对李白十分友善，天天请他赴宴，使他结交了众多王公大臣。李白这次在长安虽然没有求得一官半职，但是对长安的社交生活却已十分了解。

蜀中多才俊，不走寻常路。当年司马相如就是因为作了《子虚赋》，之后又献上了《上林赋》，得到汉武帝的极大赞赏和重用，从而在朝为官的。李白大概也想效法司马相如，故而先后向玄宗皇帝献上了《明堂赋》《大猎赋》。这次玄宗皇帝虽然未见他，但是知道了他的存在。

开元二十三年（735 年），李白结识了他一生中另一位重要的朋友——贺知章。贺知章一见李白，就惊呼他为“谪仙人”。贺知章当时是玄宗皇帝跟前的红人，经他和玉真公主推荐，玄宗皇帝终于敞开了召见李白的大门。玄宗皇帝是位艺术家，对艺术有着极高的鉴赏水平。李白满纸纵横、飘逸绝伦的诗文他早已读过，身边的人天天说李白，他的耳朵都快生出茧子了。

玄宗皇帝见过帝国优秀的艺术家，身边也聚集了一大批才能出众的人。然而一见到李白，他还是被李白身上那种玉树临风、岩岩若松、卓尔不群的气质所吸引。他从步辇上下来，亲自相迎，“以七宝床赐食于前，亲手调羹”。玄宗向李白咨询当下实务，李白应对如流，回答得十分妥当。之后，玄宗任命李白为“供奉翰林”，负责起草诏书，充任皇帝的高级秘书兼幕僚。这一天，可以说是李白的高光时刻。

最初，玄宗凡有出行，必让李白扈驾，并将饮宴、郊游都以诗文的方式记录下来。李白诗才敏捷，倚马可待，一再受到玄宗的嘉奖。

天宝二年（743 年），宫中的牡丹花盛开，玄宗与贵妃杨玉环以及王公贵族们举行聚会，下诏李白伴驾。为此，李白写下了那首著名的诗作《清平乐》。朝朝宴会，夜夜笙歌，没完没了地吹捧，最初李白还有一些被重用的错觉，但时间一久就明白了、厌倦了。他的志向是做帝国的宰辅，而不是当文学侍从，给皇帝装饰门面、粉饰盛世。

供奉翰林的身份，使他在长安拥有了更广的社交面，上至王公，下至布衣，只要能作诗、喝酒，或者与他性情相投者，都能成为他的朋友。他醉酒狂歌，与贺知章、崔宗之等八人彻底放飞，被时人誉为“饮中八仙”。

酒喝得多了，他在业务上逐渐怠慢，以至于玄宗派出宫廷内侍来召时，李白经常处在酒醉中，而无法伴驾。

一次，他酒醉中被召，奉命起草诏书，伸着脚让玄宗的宠臣高力士给自己脱鞋子，引得宫人事后诽谤。其实，玄宗很清楚，文学弄臣的身份是拴不住李白的，与其让他过这种不快乐的生活，还不如还他自由。李白的性格并不适合浊污的官场，至于宫人的诽谤还是其次。就这样，玄宗赐金，李白还山，结束了他短暂的官场生涯。

翰林是高级文臣，在某种程度上可以说是宰相的储备人才。如果李白遵循官场游戏规则，一步步晋升为相，并非不可能。这种规矩沿袭到后世，尤以明清时期为最：虽然不设相，但内阁辅臣多为翰林出身，这甚至成为一条共识。

离开长安后，李白来到洛阳。在这里，他认识了另一位朋友——杜甫，大唐文学史上最闪亮的两颗星终于相遇了。杜甫比李白小 11 岁，是李白的小迷弟。李白完全没有大明星遇到粉丝的那种俯视感，而是像当年孟浩然对待他一样，以平等的姿态与杜甫相交，还与杜甫约定，一起游览梁宋（今开封、商丘一带）。当年秋天，他们践行诺言，同游汉代梁孝王园林遗址，其间遇到了另一位大诗人高适。都说同道中人拥有天然的吸引力，三人都胸怀大志、满腔报国抱负，再加上“三观”一致，所以相处得十分愉快。这次会面，让杜甫终生念念不忘。

天宝四载（745 年）秋季，李白和杜甫在鲁郡（今山东曲阜）第三次相遇。两人同游山东、河北一带，纵马驰骋，赋诗饮酒。

杜甫写了《赠李白》这首诗：

> 秋来相顾尚飘蓬，未就丹砂愧葛洪。
> 痛饮狂歌空度日，飞扬跋扈为谁雄？

“飞扬跋扈为谁雄”把李白身上那种狂放的姿态描写得十分传神，可以说是描摹李白形象最经典的句子。李白也写下《鲁郡东石门送杜二甫》回赠杜甫：

> 醉别复几日，登临遍池台。
> 何时石门路，重有金樽开？
> 秋波落泗水，海色明徂徕。
> 飞蓬各自远，且尽手中杯。

杜甫现存诗中有15首提到了李白，甚至在写给其他朋友的诗歌中也不忘问候李白。他在《春日忆李白》中写道：

白也诗无敌，飘然思不群。
清新庾开府，俊逸鲍参军。
渭北春天树，江东日暮云。
何时一樽酒，重与细论文。

杜甫对李白的诗歌艺术有深刻的认知，将他与北周的庾信、南朝的鲍照相提并论。尤其是“渭北春天树，江东日暮云”这两句写得实在太美了，一转而入对相见的期待，盼望着能与这位老朋友有诗有酒地再聚一次。

有研究者统计，李白的朋友中，光是有文字之交的就达400余人。那些与李白有交往，但没有被写进诗歌里的，还不知有多少。李白固然没有实现他做官“静胡沙”的大志，但是诗酒生涯成就了他的艺术。

唐朝出任过宰相的有520多人，1000年后，提起他们的名字，有多少人能记得呢？但是说起李白，几乎是妇孺皆知。1000年前的大唐，衣香鬓影，骏马如龙，仕女款款，无数个有宴席的夜晚，谁会记得呢？但是李白这位社交明星照亮过的这座繁华之都的夜晚，人们肯定会记得。

伍

藏锋·守拙

——大音希声，一鸣必定惊人

高招一：

看似默默无闻，实则不可或缺——鲁肃

有这样一些人，他在时你无感，等到失去他时，你才会知道，没有他的世界大不相同——看看鲁肃死后东吴的各种瞎操作，孙权一定会认同这句话。

由于《三国演义》的影响，鲁肃一直被后世人忽视，乃至误解。事实上，他是东汉末期最具战略眼光的狠人之一，甚至可以说在某种程度上决定了三国的历史走向。

鲁肃出身临淮士族世家，不但喜爱读书，而且精于骑射。汉末朝政混乱，军阀割据，鲁肃意识到苟全乱世不易，因而经常与游侠来往。一时间追随他的青年有数百人，他就将这些人组织起来，在山中操练军阵，模拟战场厮杀。当时的人都将他视作狂生，族人更是哀叹，恐怕他会导致鲁氏衰败。

袁术听闻鲁肃的名声后，便派人来征召他。但鲁肃认为袁术气量狭小，难以成就大事，不值得自己辅佐。当时，周瑜也在袁术帐下。正值军中缺粮，他听说鲁肃家中粮秣充足，便率领几百战士去借粮。既然是借粮，备好礼物登门拜访就行了，干吗要带兵去呢？因为周瑜对鲁肃的大名早有听闻，知道他门下多健儿，如果自己一人登门借粮，只怕对方不会就范。未曾料到，鲁肃不但没有拒绝，反而指着两个高大的粮囷告诉周瑜，每囷贮粮三千斛，兵丁们可自取一囷。这令周瑜大为惊异，将其视为奇人。

其实，鲁肃不但深通韬略，而且更懂人情。当年大旱，江淮颗粒无收，街头常有饿殍，军中粮食同样难以为继。周瑜此次摆出这么大的阵仗来借粮，必定是志在必得，鲁肃不借也得借。他是个狠人，但不是蠢人，与其和一支披坚执锐的劲旅对抗，不如顺水推舟做个人情。孰能想到，他就此与周瑜这个英杰成了密友。

鲁肃认为，淮泗一带是兵家必争之地，在群雄并争的时代难以安居，而江东沃野千里，民富兵强，是一片乐土，既能避开危险，又能待时而动。他将这一想法告诉了那些追随自己的健儿，他们一致响应，都愿意举家与他同行。

鲁肃对这支三百多人的队伍做了行军部署，柔弱的在前，老人和孩子在中间，他亲率强壮者殿后。袁术听说鲁肃率领一支人马离开，立刻派骑兵追击。鲁肃发现追兵后，便让前面的队伍继续前行，他则率领殿后的队伍停下列阵，命令战士勒住马、拉满弓，对追上来的领兵头目说："如今天下大乱，你们有功也得不到奖励，不追赶我们也不会被追究责任，为何苦苦相逼呢？"他亲自扛起一个大盾牌，将其放到几百步远的地方，引弓连发数箭，每一箭都将盾牌射穿。

追兵头目觉得鲁肃的话有理，且仅凭自己的人手也制不住他，便放他们走了。从这件事上，我们颇可看出鲁肃的老到。大部分人做事，都会考虑利害关系。鲁肃先陈明利害，再亮明实力，领兵头目自然会考虑：既然无利可言，就犯不着拼命，何不放人走呢？所以，一切都是按照鲁肃的计划发展的。

就这样，鲁肃到了江东，再次见到老朋友周瑜。孙策遇害后，孙权接管了江东基业，成了新的掌门人。周瑜立刻将鲁肃引荐给孙权。当时，宾客非常多，鲁肃在席上并没有发言，在孙权接待结束后，他也一同告辞了。不过，孙权很快就单独召见了他。孙权对鲁肃说："现在天下大势，犹如大厦将倾，四方扰乱，我继承了父亲和兄长创立的基业，企望像齐桓公、晋文公辅佐周天子那样，建立不世之功。先生，您有什么好的建议吗？”听了这话，鲁肃就笑了。他反问孙权：“过去汉高祖刘邦也想辅佐义帝，为何没有成功呢？”

孙权说：“是因为项羽害死了义帝。”

鲁肃说：“如今的曹操，对朝廷的掌控远胜于项羽掌控义帝，将军您怎么可能实现齐桓公、晋文公的理想呢？”

孙权请鲁肃明言。

鲁肃说：“以我的个人见解，大汉王朝的权威已不可能恢复，短期内也不可能除掉曹操。只有占据江东，才能更好地观察天下形势。如今北方已陷入混乱之中，您可借这个机会，荡平黄祖的势力，同时夺取刘表的荆州，控制长江以南的土地，然后打出帝王的旗号，夺取天下，建立与汉高祖一样的事业。”

孙权摇了摇头说：“我只想尽一方力量，辅佐汉室，你所说的，恐怕非我能及。”

鲁肃在诸侯并争，多股势力各据一方，江东何去何从尚不明朗的情况下，就为孙权指明了今后的发展方向，不得不说其才大如海。只是这时候的孙权虽然是江东之主，但内心是犹疑不定的。他的哥哥孙策活着的时候，用武力压制住了吴郡、会稽郡、丹阳郡、豫章郡、庐陵郡、庐江郡这江东六郡的士族集团。这些士族在当地拥有强大的影响力，并未彻底向孙氏的军事集团俯首，而是一直处于观望状态。以华歆为例，他虽然投降了孙策，但却未出任孙策团队的官职，而是辗转逃到江北，最后进了曹操的阵营。孙权能够统御父兄留下的文武官员，让江东士族与自己合作实属困难。鲁肃的一席话，表明他早就看清了江东的发展方向。

汉献帝建安十三年（208 年）七月，曹操大军南下，直扑荆州。当年八月，刘表病死，其子刘琮投降，屯兵樊城的刘备得知消息后弃城而去，在当阳被击溃。曹操拿下荆州，下一步就是占据江东了。孙权只有两条路可以走：一是战，二是降。朝堂之上，持投降态度的人并不少，尤其重臣张昭，更是认为只有投降一条路。众人你一言我一语，唯有鲁肃沉默不语，他趁孙权上厕所时跟了上去。孙权见鲁肃逡巡，就问道："子敬，你有什么话要对我说吗？"

鲁肃说："我和朝堂上的那些人都可以投降曹操，只有将军不能。"

孙权问："为何？"

鲁肃说："我们投降了曹操后，纵然是做个小官儿，但可慢慢升迁，再不济也能做到州郡的长官。将军您投降了，该给什么官职呢？"

由此可见，进言的时机、地点、方式，非常重要。对此，鲁肃可以说掌握得恰到好处。张昭等一众文武官员言降时，如果鲁肃直言抗敌，必定会遭到大佬张昭的斥责，甚至会遭到众人的围攻，陷入孤立之境。处于这种劣势的"主战派"，难以让孙权动心，甚至会产生戒心。厕所是个私密的地方，会让人暂时放松下来，而且有一定的保密性，如果孙权内心有抗敌的想法但又不想让群臣知道，在这里表达出来最为妥帖。在是否投降这个问题上，鲁肃首先说的仍然是利害。曹操收复江南，必定会重用江南士族，那些投降者照样会做官，只是换了个主子而已。孙权本就是主子，他该去哪儿呢？

这是打动孙权并最终坚定其意志的关键。

另外，鲁肃已经想好了联合刘备抗击曹操的战略。为什么一定要是刘备呢？除了军事上相互依赖外，刘备的皇叔身份在这里起了很大的作用。因为曹操征讨孙权打的是朝廷的旗号，孙权名义上还是汉朝的讨虏将军、会稽太守，若反抗就是地方不服从朝廷，属于叛逆。有了刘备的皇叔身份，无疑会提高孙权的政治正当性，使他能以讨伐汉贼的名义与曹操对抗。

待孙权坚定了自己的想法后，鲁肃立刻渡江寻求与刘备的联合。在长坂坡，鲁肃找到了刘备。此时的刘备损兵折将，对前途也缺乏清晰的认识。在他的奋斗之路上，每一次失败之后都是寻求依附新的势力。当鲁肃问他何去何从时，刘备的回答是："投奔老朋友，苍梧太守吴巨。"鲁肃直言吴巨是个庸人，不值得投奔，并拿出了孙刘联合的方案。接下来那场影响历史走向的大战已不必细说，鲁肃和周瑜、诸葛亮一起奠定了三分天下的基础。

在孙刘联盟中，鲁肃扮演了非常重要的角色。他深谙人情，在孙刘之间充当着润滑剂。正是在鲁肃为都督主政大局的时期，孙权和刘备都获得了发展的机会，避免了被各个击破的危险。

高招二：

成于锋芒内敛，败于骄狂自大——公孙氏

权力最有趣的地方是：人们总是低眉顺眼地追寻它，抬起鼻孔使用它。因此，权力总会向人呈现出两副面孔。

在汉末群雄中，辽东公孙氏可谓一股不被忽视的力量。无论是统治区域之广，还是辖下户数之众，它都堪称魏、蜀、吴之外的第四大势力。辽东公孙氏起家很早，初平元年（190 年），小吏出身的公孙度就被任命为辽东太守。这一年，曹操与袁绍等人组成反董卓联盟，包括孙坚在内的群雄都“假公济私”，以讨伐董卓的名义壮大自己的实力。所以说，公孙氏与袁绍、曹操等人是站在同一起跑线上创业的。

公孙度赴任之前的辽东，与汉末其他州郡一样，政治资源由地方豪族势力把持着，法律不行，政令不一，社会非常混乱。任职的地方官为了站稳脚跟，不得不委曲求全，和这些地方势力搞好关系。公孙度出身辽东玄菟郡，十分了解这种情况，因而上任后极力打击本土豪强。襄平县令公孙昭曾征召公孙度的儿子公孙康，却任命他为伍长，以羞辱公孙度。公孙度到了太守任上，立刻收捕公孙昭，将他公开处决。之后，公孙度又命属下搜集豪强们的违法证据，包括豪门大姓田家在内，有 100 多家因此覆亡。从此，郡县以下的豪族们战战兢兢，夹着尾巴做人。

公孙度对内统一政令，令行禁止，并着手处理辽东周边的危机。东汉王朝强大时，与辽东毗邻的夫余国、高句丽、乌桓都俯首听命；一旦中央权威下降，这些小邦就趁火打劫。对此，公孙度采用了分化瓦解、各个击破的战略。

夫余国被夹在高句丽和乌桓之间，畏惧二者吞并自己，想要寻找一个强者做靠山。公孙度适时抛出橄榄枝，将女儿嫁给了夫余王仇台。之后，公孙度向东攻击高句丽，向西讨伐乌桓，夫余国都是其重要的联盟力量。高句丽和乌桓的臣服，令公孙度声名大振。当时中原战乱，知识分子纷纷到辽东来避难。高士如管宁、邴原、王烈、太史慈等，都曾在此生活。由此，辽东出现了“强不凌弱、众不暴寡、商贾之人市不二价”的安定局面。公孙度还派兵渡海夺取东莱等县，设置营州，并任命骁将柳毅为营州刺史。

公孙度在辽东的扩张行为，被曹操看在眼里。他派人封公孙度为武威将军，赐爵永宁乡侯。不过，公孙度的野心不止于此。在辽东，他出行的仪仗、使用的冠冕，都和帝王差不多。他虽然言辞放纵，说“我在辽东称王，要永宁侯何用”，实际上却接受了印绶。也就是说，面对曹操的招揽，他妥协了。他很清楚，实际利益最重要。至于名分，则可对内称王，对外仍是汉王朝的官员。曹操也明白，自己需要一个稳定的后方，只要公孙度接受了印绶，固守辽东，不从背后捅自己刀子，那就是自己阵营里的人。

公孙度死后，其子公孙康成为新任统治者，继承了其父治理辽东的方略。当时，官渡之战已经结束，曹操命令张辽追击袁绍残余势力，顺带将海滨一带纳入自己的统治范围。张辽击破了柳毅的防线，并驱逐了他的势力。营州丢失，使得公孙康不得不正视曹操的强大。

所以，当袁绍的两个儿子袁尚、袁熙逃到辽东后，公孙康便诛杀了二人，并将其首级献于曹操。公孙康的退让，得到了曹操的认可。他向汉献帝上奏，封公孙康为襄平侯，授左将军。需要注意的是，左将军这个职务，也是刘备在汉廷获得的显赫官职。很长一段时间，他打的都是这个旗号。

由于中原纷乱，移民到辽东的人非常多，这导致辽东地区人口膨胀，原来臣服于公孙氏的一些胡人迫于压力，纷纷奔向高句丽，从侧面壮大了高句丽的势力。公孙康认为高句丽收罗逃人，图谋不轨，因而于建安十四年（209年）出兵高句丽，攻破其国都，将势力延伸到了朝鲜半岛，在那里设置了带方郡。这一时期的公孙氏，统治达到了巅峰时期。虽然对内如同帝王，但是在与汉廷（曹操控制的朝廷）的关系上，却始终扮演着臣属的角色。公孙度、公孙康父子深知，以他们的实力，还不足以与曹操正面对抗。

公孙康死后，他的儿子们都比较年幼，所以由弟弟公孙恭统领辽东的势力。曹丕登上皇位后，封公孙恭为车骑将军、假节，封平郭侯，从明面上给予了他极高的荣宠。在魏、蜀、吴三足鼎立的格局下，辽东的重要性不言而喻，它必然会被各方拉拢。

后来，公孙康的儿子公孙渊囚禁了公孙恭，自立为辽东太守。曹魏大臣刘晔向魏明帝曹叡建议，趁公孙渊初掌权，立刻讨伐能够顺利解决辽东的割据问题。但曹叡思虑良久，没有接受这个建议，反而封公孙渊为扬烈将军、辽东太守。这等于认可了他的夺权行为。

魏明帝对公孙渊的纵容，导致其野心膨胀，走上了在魏、吴两方之间骑墙的道路。公孙渊认为，辽东要想扛住曹魏的威胁，就必须有外援，而他看好的援军就是东吴。公孙渊的示好，令孙权喜出望外。孙权派遣太常张弥、执金吾许晏携带册封用的文件、大量珍宝礼物，还有将军贺达率领的一万军队，渡海去册封公孙渊为燕王。

面对吴国使者，公孙渊后悔了。他认为魏国近、吴国远，如果与魏国交恶，吴国未必来得及援救。这时他用了一个昏招，杀了吴国使者，兼并了吴国派来的士兵。为了讨好曹魏，他将张弥等人的首级献给了魏明帝。魏国为了嘉奖他，拜他为大司马，封乐浪公，由他继续统领辽东各郡。不过，当魏国的册封使者到来时，他再次犹疑，竟然派兵包围了使者的住处。此次册封虽然完成，但公孙渊的不轨和辽东的内情也被使者报告给了魏明帝。

公孙氏统治辽东三世，自行征收赋税、任命官吏，形同独立王国，因而始终是曹魏的一块心病。景初元年（237 年），魏国命幽州刺史毌丘俭携带印信征召公孙渊入朝。公孙渊立即出兵抗拒，击退了毌丘俭。与魏国公开决裂后，公孙渊自立为燕王，设置百官，并拉拢鲜卑，给他们封官，与他们合击魏国。另一边，他再次通使吴国，希望吴国能成为自己的外援。

这一次，公孙渊在作死的道路上走得更远。

魏明帝曹叡命司马懿于景初二年（238 年）率领四万大军讨伐公孙渊。大军到达辽东时是当年的六月，公孙氏的政权坚持了不到三个月就灭亡了。司马懿诛杀了公孙渊和他分封的百官，释放了被囚禁的公孙恭。至此，公孙氏的统治终结。

我们不妨来复盘一下公孙氏政权在辽东的统治：自公孙度被任命为辽东太守，至公孙渊覆灭，其统治达48年。主观上说，公孙氏的统治建立在其收敛锋芒、表面臣服的基础上，这招数不可谓不高明，先为汉臣，后为魏臣，让作为中央代表的曹魏没有必要消灭他。客观上说，前期曹操要平定北方的混乱，暂时腾不出手来解决辽东问题；文帝时期，面对吴、蜀的双重压力，也没必要出兵臣服的辽东；明帝时期，吴国和蜀国的国力都下降了，对魏国的威胁减弱，更重要的是公孙渊自立为王，这是明目张胆的叛乱，魏国必须除掉他。公孙渊也是昏招迭出，先自绝于吴，后自绝于魏，外部缺乏对敌人牵制的力量。如果公孙氏能与吴、蜀之间建立盟国关系，当司马懿出兵时，两国背刺魏国，它绝不会覆灭得那么快。

高招三：

低调是最好的保护色——郭子仪

当你把自己看高时，危险就来了。低调，是最聪明的“高调”。

郭子仪，唐代著名的军事家与政治家，在平定“安史之乱”中立下大功，可以说有再造大唐江山的功勋。与历史上其他功高盖主的大臣不同，唐肃宗、唐代宗、唐德宗三代皇帝都对他十分礼遇，唐德宗甚至尊他为“尚父”，使他进位太尉兼中书令。郭子仪本人不但位极人臣，被封为汾阳郡王，他的儿女们也都是高官显贵。《新唐书》中记载：“八子七婿，皆贵显朝廷。”在纷繁复杂的中唐时期，郭子仪是如何做到功业与身家两全的呢？

作为军事家的郭子仪，对人情世故有着深刻的洞察。早先，郭子仪和李光弼都是节度使安思顺帐下的牙门将军。二人虽是同僚，但是并不和睦，在一张桌子上吃饭，彼此不交谈，甚至相互怒视。后来安思顺离任，郭子仪被任命为节度使。节度使的权力很大，对麾下将士有生杀予夺之权。李光弼只求一死，请郭子仪赦免自己的妻儿。当时“安史之乱”已经爆发，唐玄宗命郭子仪向东讨伐赵、魏等地的叛军。郭子仪走下台阶，拍着李光弼的肩膀说：“如今国家遭逢叛乱，连皇上都避难去了，哪里是报私怨的时候，我希望能和你一起荡平叛乱。”李光弼一听，尽释前嫌，从此二人相互配合，与叛军作战。在平定“安史之乱”的过程中，郭子仪和李光弼二人几乎立下了同等的功劳。

郭子仪率领大军与吐蕃作战时，一向与他不睦的大宦官鱼朝恩指使人挖掘了郭子仪父亲的坟墓。大臣们得知后，都担心郭子仪会因此造反。郭子仪回到朝廷后，代宗皇帝将此事告诉了他。郭子仪一边流泪，一边说：“我长期带兵，无法禁止士兵们破坏百姓的坟墓，如今有人挖掘了家父的坟墓，这是上天的报应啊。”唐代宗对郭子仪的胸襟很是赞赏，对他的疑虑也打消了。后鱼朝恩请郭子仪去赴宴，外间传言鱼朝恩将对郭子仪不利，宰相元载希望他能多带一些武士，但郭子仪却只带了几个仆人。鱼朝恩见他带的人那么少，就问他为何。他就将外间的传言告诉了鱼朝恩。鱼朝恩听后，哭着说：“幸亏您是忠厚的长者，否则一定会对我起疑心。”就这样，郭子仪消除了鱼朝恩对他的忌惮。

郭子仪的儿子郭暧娶了代宗皇帝的女儿升平公主，成了驸马爷。一次，小两口吵嘴，郭暧说：“你不就是仗着你爹是皇帝吗？”

公主怒怼：“是又怎样？”

郭暧说：“我爹还不稀罕呢！”

《资治通鉴》中对这一段情节有精彩的描写：“汝倚乃父为天子邪？我父薄天子不为！”

公主被气哭了，抹着眼泪回到宫里向皇帝老爸告状。

郭子仪得知后，将郭暧打了一顿，并送去皇宫请罪。代宗皇帝是个深谙人情世故的高手，一边安慰女儿，一边对女儿说：“他说得没错，郭子仪要是想当天子，天下就不是咱们家的了。”就这样把公主哄回去了。同时，他又安慰趴在地上请罪的郭子仪说：“俗话说，‘不痴不聋，不做阿家翁’，小儿女之间的事，且不必理会。”

唐代宗也很清楚，在藩镇林立、节度使各自为政的情况下，大唐就剩下郭子仪这么一根顶天白玉柱了，要是再把郭子仪逼得造反了，大唐可就真的完了。

郭子仪晚年时，御史中丞卢杞来拜访。当管家通报后，郭子仪立刻令家人，尤其是女眷和歌姬全部回到后堂，并严令她们不得出现在前厅。卢杞与郭子仪交谈了很久后离去，郭子仪这才松了一口气。

管家感到很奇怪，郭子仪的资历比卢杞深，而且是皇亲国戚，为何对卢杞的拜访这么小心呢？郭子仪告诉管家，卢杞虽然长得比较丑，心胸又狭窄，但十分会逢迎皇帝，所以一定会被皇帝重用。

女眷们看到样子难看的卢杞，不免会发出笑声，即便不是笑他，卢杞也会记恨在心，伺机报复，到那时再后悔就晚了。后来，卢杞做到了宰相，名臣杨炎、颜真卿都因被他记恨，惨遭陷害而死。

郭子仪虽然被封为郡王，但是在家里丝毫没有郡王的威仪。他王府的门大开着，可供宾客们随便出入，丝毫没有一入侯门深似海的样子。他麾下的将士们来告辞，看见夫人和女儿对郭子仪呼来喝去的，一会儿让他拿手巾，一会儿让他端水，他还乐此不疲，像个下人一样跑来跑去。他的后辈们看到他这个样子，都觉得十分丢脸。一天，一个人跪在地上对他说："王爷，您贵为国家重臣，立下了大功，身份何等尊贵，就是历史上的伊尹、霍光也不过如此。您不能自轻自贱，让外人看了笑话。"

郭子仪把这个年轻人扶起来说："你小子懂什么，我的马厩里，领取官方补贴的马匹就多达500匹，我帐下拿国家俸禄的就有1000人，如果关起门来，守卫森严，让人们看不到王府内的情况，一旦有小人在皇帝面前说坏话，只怕我会被灭族啊。如今大门洞开，坦坦荡荡，就是有人想诋毁我，皇帝也不会相信的。”

后辈们听后，深以为然。

郭子仪一生忠诚守信，但却低调做人。他的8个儿子，4个被封为国公。孙女郭氏嫁给广陵王李纯为妃，后来李纯登基为帝，郭氏被封为贵人，但因生下李恒（唐穆宗），她成了妥妥的太后。郭子仪的子孙中有5人娶了公主，连续几代都是外戚，成了唐王朝最显赫的家族。要知道，在君主时代，皇帝一方面与外戚是姻亲，另一方面又防着外戚。隋文帝杨坚原先就是外戚，之后篡了北周皇帝的位。李唐王朝之所以如此信任郭家，是因为郭氏一门始终低调，不伸手动皇帝的奶酪。当然，这与郭子仪的家风是分不开的。

高招四：

聪明的示弱，是为了更长远的未来——赵佗

在情绪冲动的情况下做出的决策伤人伤己，总是让人追悔莫及。能忍住自己的脾气，是一种修养，更是一种能力。

高手高招

赵佗，恒山郡真定（今河北正定）人，秦朝南海郡龙川县令。秦末群雄逐鹿中原，赵佗阻断了岭南与中原的通道，杀掉了秦朝在南海郡的官吏，任命亲信为官，建立了包含桂林郡、象郡在内的割据政权南越，自称南越武王。

一山不能容二虎，天下不能容二主。汉高祖十一年（公元前196年）夏天，刘邦决定解决赵佗的问题。大夫陆贾表示不需一兵一卒，他就能让赵佗投降。刘邦当即任命陆贾为大使，让他带着诏书和礼物以及随从出发了。

陆贾到了番禺后，赵佗故意装束成当地人的打扮，表现得非常傲慢。陆贾对他说："你本是中原人，祖坟和族人都在中原，现在背叛父母之国，不念祖宗，放弃华夏衣冠，打算以南越弹丸之地和天子对抗，大祸恐怕即将来临。秦失其鹿，英雄共逐之，只有当今陛下先入关中，夺取咸阳。项羽背叛义帝，自称西楚霸王，诸侯们都臣服于他，可以说他非常强大了，但与汉王争天下，还是失败了。您与项羽比，谁更强大呢？你在南越称王，宰相和将军们都建议派遣大军来征讨，只有当今陛下不愿百姓再遭受战乱的痛苦，派我前来，授予你王的印信和符节，你应该面朝北恭敬地称臣，否则朝廷会挖掘你的祖坟，屠戮你的家族，命令一员上将军率领十万人来征讨。到那时，你的部下就会杀了你，然后投降。"

陆贾的话，吓得赵佗冷汗直流。这倒并非陆贾恐吓他，与汉王朝正面对抗，其结局必然如此。只是在此之前，他从未如此直接地面对这种危险。不过，作为一方豪雄，赵佗也有他过人的地方。他怕是怕，但表现得却十分得体。

他一改刚才的倨傲，非常恭敬地向陆贾道歉，说道:“我与蛮夷相处得久了，染上了一些坏习惯，忘记了咱们中原的礼仪，还请先生原谅。”就这样，赵佗向汉朝称臣，接受了诏书和印绶，成了汉王朝的藩属国。当然，由于天高皇帝远，汉王朝既不能像管理别的诸侯国那样派遣国相，也不能直接任命官员，南越实际仍由赵佗统治。面对强者，赵佗选择了示弱。

汉高祖去世后，吕后登上政治舞台。在吕后当政的第七年，汉王朝与南越交恶。在经济上，对南越实行经济封锁，禁止出口铁器和其他生活用品；在军事上，命令隆虑侯周灶率领大军去征讨。由于汉军不适应当地的酷热气候，又染上瘟疫，所以战事迁延。赵佗的情报也很准确，得知周灶是跟随刘邦打过天下的名将，不是易与之辈，就写信给周灶，表示愿意求和。一年后，吕后驾崩，周灶班师，这场仗并没有真正打起来。后来，赵佗还对毗连的另一诸侯国长沙国耀武扬威了一番。

这时候赵佗开始狂了起来，他先是打压东边的闽越国，接着控制住西边的西瓯、雒越部落，一时风头无两。赵佗干脆自称“南越武帝”，过足了皇帝的瘾。

汉文帝刘恒上台后，再一次正视赵佗。这一次与上一次不同，上一次赵佗只是没有纳入汉王朝统治序列的异姓王，但这次他已公然称帝，好比没有接受朝廷招安之前的弼马温自称“齐天大圣”，是与天日争辉的僭越行为。而陆贾再次出场，充当了太白金星的角色。

文帝让陆贾带着自己的信，将其亲手交给赵佗。后世将这封信称为《汉文帝赐南越王赵佗书》。这封信不长，归纳起来有两层意思。第一，你的祖坟我修葺了，你的族人我照顾了；第二，你应该守规矩，称臣。文帝的信虽然写得平平淡淡，但是赵佗并不傻，这是一封暗藏杀机的信。他的反应和孙悟空极为相似，表示愿意重新归顺天朝，年年进贡，永远称臣，做大汉的藩属国，并亲手给文帝写了回信。这封信实在太精彩了，照录如下。

蛮夷大长老夫臣佗昧死再拜上书皇帝陛下：

老夫故粤吏也，高皇帝幸赐臣佗玺，以为南粤王，使为外臣，时内贡职。孝惠皇帝即位，义不忍绝，所以赐老夫者厚甚。高后自临用事，近细士，信谗臣，别异蛮夷，出令曰：“毋予蛮夷外粤金铁田器；马、牛、羊即予，予牡，毋与牝。”老夫处辟，马、羊、羊齿已长，自以祭祀不修，有死罪，使内史藩、中尉高、御史平凡三辈上书谢过，皆不反。又风闻老夫父母坟墓已坏削，兄弟宗族已诛论。吏相与议曰：“今内不得振于汉。外亡以自高异。”故更号为帝，自帝其国，非敢有害于天下也。高皇后闻之大怒，削去南粤之籍，使使不通。老夫窃疑长沙王谗臣，故敢发兵以伐其边。且南方卑湿，蛮夷中西有西瓯，其众半羸，南面称王；东有闽粤，其众数千人，亦称王；西北有长沙，其半蛮夷，亦称王。老夫故敢妄窃帝号，聊以自娱。老夫身定百邑之地，东西南北数千万里，带甲百万有余，然北面而臣事汉，何也？不敢背先人之故。老夫处粤四十九年，于今抱孙焉。然夙兴夜寐，寝不安席，食不甘味，目不视靡曼之色，耳不听钟鼓之音者，以不得事汉也。今陛下幸哀怜，复故号，通使汉如故，老夫死骨不腐，改号不敢为帝矣！谨北面因使者献白璧一双，翠鸟千，犀角十，紫贝五百，桂蠹一器，生翠四十双，孔雀二双。昧死再拜，以闻皇帝陛下。

这封信的内容基本上可分为三招，第一招是“甩锅免罪”，第二招为“示强显德”，第三招则是“示弱求存”。三招合起来，构成一套非常高明的自我辩解和保护招数。

先说第一招，也就是将与汉王朝交恶这件事甩锅给吕后。他说自己是外臣，在汉高祖、汉惠帝时期都保持了不错的关系，但吕后被小人所蒙蔽，听信谗言，在经济上对南越进行封锁，不卖给我们生活生产用的金属物件和铁器，卖给我们的马、牛、羊只有公的，没有母的，导致南越没有办法繁殖牲畜，牲畜都老了。我认为是自己祭祀不够周到，上天降罪于我，所以派官员向汉朝谢罪，汉王朝将他们都扣留了。我还听说父母的坟茔被刨了，族人也被杀掉了。我后来出兵长沙国，是怀疑长沙王挑拨我与汉廷的关系，所以才攻击它。无疑，汉文帝接受了这个甩锅行为，反正不是甩给自己的。赵佗也通过甩锅，把自己出兵骚扰汉境、进攻长沙国的罪名给撇清了。

再看第二招，精彩的内容来了。赵佗别有深意地说，我西面的蛮夷部落西瓯，半数以上的人羸弱不堪，他们的头儿称王；东面的闽越，才有几千人，他们的头儿也称王；西北面的长沙国，一半人是蛮夷，他们的头儿也称王。我之所以在这一群蛮王里面称帝，不过是自娱自乐罢了。我治理的土地有上百座城市，东西和南北的距离有千万里（这个夸张有些过分），我能指挥的甲士有上百万人，但还是向大汉称了臣。为什么呢？因为不敢背弃先祖。赵佗的意思是，那些只有几万人乃至几千人的家伙都称了王，我称帝只是图个乐而已。他还炫耀了一把自己的实力，并通过夸耀把自己推上了道德制高点。信中这一句非常重要：“然北面而臣事汉，何也？不敢背先人之故。”这里的先人是指谁呢？一是指赵佗的父母和先祖，意思是不敢忘怀故国，也就是不能背叛祖宗的文化；二是指文帝的先人，也就是汉高祖刘邦，两人订有盟约，赵佗向大汉称臣，大汉认可赵佗家族的统治。在军事上，赵佗告诉文帝，他有抵抗汉军的资本；在道义上，他希望文帝保护好祖宗坟墓，善待他的族人，更重要的是继续认可他的地位。

第三招，赵佗说自己到南越已经 49 年了，现在是抱孙子的老人了，但是吃不好，睡不好，对音乐也没了兴趣。为什么呢？

是因为没能侍奉大汉。他取掉帝号，恢复原来的称号，希望和朝廷能像高祖时互通使者，保持密切的联系。之后送上了礼物清单。当然，这些礼物以土特产为主，对汉朝皇帝来说，象征意义大于实际意义。

赵佗在这封信里表达的意思，汉文帝刘恒会接受吗？当然会接受。陆贾还因这次出使成功获得了文帝的嘉奖。

赵佗从秦始皇时期就在南越为官，他一直活到汉武帝建元四年（公元前137年），生命长达100多岁，是古代史中记载的著名的长寿人物。面对实力远在自己之上的强者，赵佗懂得示弱，但他的示弱不是一味地退让，而是以示弱的方式实现利益最大化。

高招五：

国王当马夫，复国大业成——勾践

为了成功，你能付出多少呢？如果能转变心态，一时的蛰伏、隐忍，恐怕是代价最小、最能让敌人对你放下戒备的高招。

公元前494年，吴国打败越国，勾践被围困在会稽山上。一时间，无路可退，摆在他面前的只有两个选择：一个是投降，成为吴国的俘虏；另一个是自刎，以保留所谓的清白之身。

当时，大夫文种建议勾践投降。正所谓留得青山在，不怕没柴烧，并且让勾践买通吴国的大臣伯嚭，让他到吴王面前游说，求得吴王夫差的手下留情。只要能够留住性命，就还有报仇的机会。

经过伯嚭的一番劝说，吴王夫差最终决定不灭越国，只是把勾践带到吴国当奴隶。

勾践在吴国的奴隶生活一过就是三年。为了取信夫差，在他病了的时候，勾践竟然为他尝粪便的味道，来判断病症所在。夫差出去游玩的时候，勾践就像侍从一样帮他牵马。经过勾践的不断努力，夫差终于认为勾践已经彻底被自己打怕了，再也没有了反抗的勇气，于是就把他放回越国。

回到越国的勾践搭了一间草房，把蛇的苦胆悬在床边，每天都要品尝，让自己记住在吴国受过的苦难。不仅如此，勾践睡的床上也铺满柴草，让自己永远记得所受的耻辱。

为了报仇雪恨，勾践亲身参与务农，和百姓同衣同食。很快，勾践就得到越国百姓的爱戴。

勾践让文种主管政事，让范蠡主管军事。经过越国上下七年的努力，国力已经恢复到战前的水平。

这时勾践认为报仇的时机已经成熟，就想发兵攻打吴国。但出人意料的是，文种坚决反对，他认为现在起兵还为时尚早。文种说："现在越国的兵力还没有到可以和吴国相抗衡的地步，我们现在需要的就是等待机会，等待吴国和其他诸侯国发生战争，我们再坐收渔人之利。这才是上策。"

过了两年，吴王夫差想要发兵攻打齐国，却被伍子胥拒绝了。伍子胥说："我听说现在勾践和百姓同甘共苦，勾践不死，吴国就不会安宁！"

吴王夫差听完此话却是不以为然，认为勾践只是自己的手下败将，所以依旧我行我素，发兵攻齐，并且大败齐军。夫差更加骄傲自满。伍子胥再次劝谏，夫差还是听不进去。

为了试探吴国的态度，勾践就派文种到吴国去借粮。伍子胥劝说夫差不要借给他粮，却遭到了回绝。万分焦急的伍子胥以死劝谏，没想到夫差竟然真的赐死了伍子胥。在临死的时候，伍子胥对侍从说："等我死了之后，就把我的眼睛挖出来挂在城门上，我要亲眼看到越国军队攻进城来。"

四年后，夫差率精兵离开吴国与诸侯会盟，勾践趁机攻打吴国，大胜。又过了四年，吴国和楚国之间爆发战争，勾践再次率领军队突袭了吴国。两场大战，把吴国军队打得四下逃窜，溃不成军，一举消灭了吴国。

人们常说，吃得苦中苦，方为人上人。想要成功，没有耐下心来努力做事的过程又怎么可能呢？勾践从一国之君变成马夫，没有死死抱着辉煌的过去不放，更没有放不下身段的想法。马夫就是马夫，国君变成的马夫也不见得比其他马夫更加高贵，因此，先努力做好马夫该做的事情才对。

勾践成了马夫，夫差也认为勾践成了马夫。有谁会防备一个马夫呢？勾践这才有了回国的机会，隐忍、蛰伏才真正有了意义。过去的种种屈辱，成为鞭策他不断前进的动力。卧薪尝胆则将这段经历放入冷藏室，每天回忆起来都是新鲜的。粪便的味道，牵马的心情，仿佛从未远去。

勾践卧薪尝胆的故事是个很好的职场案例。遭遇低谷时，我们要先能放下身段，做好该做的事情，等对手放松警惕，再伺机东山再起。重获成功后，还要牢记过去的屈辱，鞭策自己不断努力，直到获得最后的胜利。

高招六：

“不完美”才是最好的保护色——王翦

每个人都有自己的缺点，也都知道自己的缺点。那么，当你面前有一个“完人”的时候，会怎样看他？“此人所图甚大”，防备之心也就跟着来了。

始皇帝嬴政能统一六国，依靠的不仅是雄心壮志，还有无与伦比的军事手腕和政治智慧。进攻楚国的时候，嬴政打算派出他手下最厉害的将军王翦。他问王翦，要灭掉楚国，需要多少士兵。王翦回答说，楚国是很强大的国家，需要六十万兵马。

嬴政转头又问正值壮年的将军李信，灭掉楚国需要多少兵马。李信则表示，秦国接连在战争中获胜，如今已威名赫赫，将士们士气正旺，二十万兵马足矣。

王翦在军队中深得将士拥护，嬴政放心不下，又觉得他年事已高，胆量小了，于是就信了李信的话，让他带着二十万大军攻打楚国。王翦为了打消嬴政的疑虑，以生病为由，告老还乡。

李信带着二十万大军进攻楚国，迎战的是带着四十万大军的楚国名将项燕。李信年少轻敌，又碰见项燕人老成精，主动示弱，于是连败两阵，伤亡惨重，率领残军，艰难逃回秦国。

李信兵败，嬴政只好亲自前往王翦的家乡，许诺给他六十万大军，请他出山攻打楚国。王翦表示自己不愿意领兵作战，推辞数次才勉强答应。

将六十万大军交到王翦手里，多疑的嬴政自然放心不下，就打算利用联姻笼络王翦。

嬴政下令，将华阳公主许配给王翦。王翦前往咸阳赴任，华阳公主从咸阳出发。两人相遇的地方，就是成婚的地方。此例前所未有，一时间不管是朝堂之上还是乡野之间，都盛传嬴政对王翦十分宠信、器重，唯独王翦没有被这场盛大的婚礼冲昏头脑。

王翦即将带兵讨伐楚国，在此关键时刻嬴政突然赐婚，显然是行笼络之事。但是，没有猜忌，又何须笼络？君王开出的价码越大，背后的猜疑就越重。王翦看破这一点后，不仅没有丝毫喜悦之情，反而忧心忡忡。君臣之间的平衡如今已摇摇欲坠，在讨伐楚国的过程中，只要有人挑拨，平衡就会被打破，自己恐怕性命堪忧。

为了化解嬴政的猜疑之心，王翦开始向嬴政索要财物。上好的田地，精美的房屋，金银财宝，无所不求。嬴政没有生气，只是询问王翦，灭楚归来，以王翦的战功，想要什么都有，为什么偏偏在这种时候索要田产宅邸。王翦却说："作为大王部将，虽立战功，却终不得封侯，所以趁大王亲近臣下之时，多求良田屋宅园地，为子孙置业。"

大军出征后，王翦依旧不断派人回国都，向嬴政索要赏赐。战争进行过程中，也时常有使者回国向嬴政索要田产。王翦的下属担心，这样无止境地向大王索要田产、宅邸，会不会惹怒大王。王翦却毫不在意，依旧我行我素。

结果，嬴政不仅没有因此责罚王翦，反而越来越信任他。等到王翦立下赫赫战功的时候，他也得到了所要求的田产地业。

王翦并不贪婪，他所担心的无非是功高盖主，最后得来狡兔死、走狗烹，鸟尽弓藏的悲惨结局。他的做法，则非常高明。平灭六国，这是何等的盖世奇功。王翦若是不要赏赐，嬴政会怎样想？赏无可赏，难道要分你半壁江山不成？当明确了你有所求、有所图，而自己又能给的时候，嬴政自然能放下心来，开始信任王翦。

王翦此举为自己赢来“贪婪”的名声，却保全了自己的性命，后世很多聪明的将领们为避免功高盖主，也常常会用这样的“自污”高招来为自己披上一层“不完美”的保护色。

这其实不难理解，试想一下，王翦在外征战，与六十万将士情同手足，作战勇猛，若是再表现出一副忠贞廉洁的圣人派头，那么将来有一天起兵作乱，岂不是一呼百应？这样的“完美”恰恰是领导最不放心的。而当他身上有污点的那一刻，完人的形象被打破，领导反而就不用再担心了。

表现得完美无缺，只能让领导觉得自己是无能的。把一些小问题放在他眼前，他才能信任你、喜欢你。

高招七：
韬光养晦，才能一飞冲天——李斯

风向时时在变，顺风之时不妨展翅高飞、大展宏图，逆风之时万万不可强力而行，学会韬光养晦才能积蓄力量，等机会来临时一飞冲天。

在吕不韦的提拔下，李斯终于有了接近秦王的机会，并在一次交谈中得到了秦王的信任，官位顿时上升到长史。此外，秦王还听取了他离间各国君臣之计，让秦国的实力进一步得到增强。

此时的李斯已经成为客卿，是秦王身边非常受信任的人。但身为楚国人的他，自然受到秦国人的排挤。秦宗室大臣见李斯步步高升，受到宠信，十分妒忌，人人皆怀不忿之情。于是，这些人到处寻找机会，以便赶走这个外国人。

就在这时，秦宗室大臣的机会来了。当时，秦王正准备统一六国，韩国担心第一个被灭，于是就派水工郑国到秦鼓动修建水渠，目的是想削弱秦国的人力和物力，牵制秦的东进。后来，郑国修渠的目的暴露了。被发现后，秦宗室大臣乘机对秦王进言:“诸侯人来事秦者，大多是为其主行离间之计，请驱逐一切诸侯客。”

秦宗室大臣的建议，得到了秦王的认可。于是，李斯也被驱逐。得到这个消息，李斯感到晴天霹雳。他跋山涉水来到秦国，经过两年多的苦苦等待和忍耐，正一步一步得到秦王信任，在打算大展宏图时却遭逐客令的驱赶，这对李斯的雄心壮志来说是一种毁灭性的打击。

李斯明白，自己被驱逐一定是秦宗室大臣的计谋。他很是气愤与难过。他气愤自己满腹经纶，一腔热血，一心一意投靠秦国，欲使秦国一统天下，却遭到秦王的逐客令驱逐。难过的是，自己当年把家里仅有的积蓄带出来博取功名富贵，本为摆脱贫困、光宗耀祖，如今壮志未酬却遭驱赶，这让他如何面对父母妻子？

伤心的李斯把自己关在屋里，痛快地哭了一场。他告诫自己，不能这么轻易认输，也不能听之任之，否则将前功尽弃。

可是，怎么才能解决这一难题呢？和秦王据理力争？这显然不是明智的行为。秦王脾气暴躁，最不怕别人威胁自己，倘若起了争执，到头来受伤害的还是自己。告秦宗室大臣的罪状？这同样没有效果。因为他们都是秦王的亲戚，秦王一定不会把胳膊肘向外拐。离开秦国另投主公？这更是一个下下策。一旦自己如此，必然会被贴上“叛国”的罪名。如今秦国实力远超他国，统一是迟早的事情，那个时候，自己必然会被满门抄斩！

思前想后，李斯渐渐冷静下来。他如今唯一能做的，就是韬光养晦，避免与秦宗室大臣纠缠，尽可能打动秦王。他躺在床上苦苦思索半天，然后一跃而起，奋笔疾书，洋洋千余言，一气呵成，给秦王写了封信。这封信言简意赅，论据充分，论点明确，目的是让秦王收回逐客令。

这封信就是著名的《谏逐客书》。在信里，李斯如此说道：“我听说群臣议论逐客，这是错误的。从前秦穆公求贤人，从西方的戎地请来由余，从东方的楚国请来百里奚，从宋国迎来蹇叔，任用从晋国来的丕豹、公孙支。秦穆公任用了这五个人，兼并了二十国，称霸西戎。秦孝公重用商鞅，实行新法，移风易俗，国家富强，打败楚、魏，扩地千里，秦国由此强大起来。秦惠王用张仪的计谋，拆散了六国的合纵抗秦联盟，迫使各国服从秦国。秦昭襄王得到范雎，削弱贵戚力量，加强了王权，蚕食诸侯，使秦成帝业。这四代王都是由于任用客卿，才对秦国做出了贡献。客卿有什么对不起秦国的呢？如果这四位君王也下令逐客，只会使国家没有富利之实，秦国也没有强大之名。”

秦王看完这封信，立刻意识到自己的决策出现重大失误。他果断取消逐客令，李斯仍然受到重用，被封为廷尉。就这样，李斯躲过一劫，在秦国站稳了脚跟。

多亏了这封信，李斯的仕途才没有就此终结。最终，他拜至相位，实现功成名就的愿望。这一切，都与他当时的冷静不无关系。他在投靠秦国之前，经历了一系列的困苦生活，这让他和家人都面临着巨大的压力，如果不成功，家庭将会走到山穷水尽的地步。一旦被驱逐，他的一生几乎就画上了句号。可想而知，李斯当时的内心有多么纠结、多么痛苦。

换作一般人，也许会选择离开，从此做个碌碌无为的平民，甚至选择轻生也是可以理解的。毕竟整个家族的重担由一个人来挑，这不是一件容易的事。但李斯没有走上这样的路，他没有被痛苦击溃，而是在困境中韬光养晦，寻找和创造可以成就自己的机会。有句话叫作“自助者，天助也”，李斯凭着自己顽强的意志，韬光养晦，蓄积力量，最终成就了自己的梦想。这种不屈不挠的精神，值得我们好好借鉴。

陆

乘风·借力

——凭风而起，扶摇直上万里

高招一：

借风使力，弯道超车——陈平

高手破局，讲求的是阶梯和路径。在真正的利害面前，面子问题根本不是问题，拿来主义才是实用主义。

西汉宰相陈平出身低微，是典型的穷小子。他的一生，堪称逆袭的典范。

秦末天下大乱，这样的境况为陈平实现人生理想提供了舞台。不过要登上这个舞台需要资本，资本从何而来呢？

陈平出生于战国末年的魏国，经历了秦国扫六合的时代，父母早亡，由哥哥抚养长大。他家有30亩地，哥哥整日劳作，陈平却不喜干农活，只愿意抱着书本读，或到处交朋友。《史记·陈丞相世家》中记载："伯常耕田，纵平使游学。"

陈平的哥哥虽然是个农夫，但却心胸宽广。弟弟不愿意耕田，喜欢读书交友，他不但不责怪，而且全力支持。陈平虽然出身穷苦人家，但长得一副富贵相，身材高大而皮肤白皙。乡里人经常嘲笑他，有个邻居在村子里遇到陈平的嫂子，就故意问道："你家陈平吃了什么，长得那么白？"平常就厌恶小叔子的嫂子一听，立刻揭短地说："他一副穷酸相，吃的还不是糠！"陈平的哥哥得知此事后，立即就将妻子赶回了娘家。

陈平到了结婚的年龄，乡里的上层人都嫌他穷，不肯把女儿嫁给他。他又不甘心娶社会地位低的女子，就这样成了大龄剩男。乡里有个巨富名叫张负，他的孙女嫁了五次人，都是刚过门丈夫就死了，因此被视为"克夫命"，再没有媒婆肯上门了。陈平却不怕，一心想娶张家女子，但他太穷了，根本沾不上人家的门边儿。

好在陈平脑子灵活，他得知张负好交游，经常出现在社会贤达的筵席上，于是找到一个机会，为一家办丧事的人帮忙，并为张负提供方便。张负看到这个人高大英俊，鹤立鸡群，十分欣赏。散场后，他要求和陈平同行，并去陈平家拜访。陈平也不扭捏，带张负去了他位于陋巷里的家。陈家虽家徒四壁，破席为门，细心的张负却发现，陈家门前的泥地上有很多车辙痕迹。这一番往来，虽然彼此没有摊牌，但都了解了对方的目的。

张负回到家后告诉儿子张仲，要将寡居的孙女嫁给陈平。张仲当时就笑了，因为陈平可是全县的笑柄。《史记》中只记录了一句张负的回应："人固有好美如陈平而长贫贱者乎？"翻译成白话文，就是：你见过像陈平那么帅，但能长久贫穷的吗？

谁说长得帅不能当卡刷？这桩婚事还真就成了！张家不但倒贴钱给陈平，而且出酒肉宴请宾客，为他们风风光光地办了婚礼。张负在送亲前一再告诫孙女，千万不能因陈家贫穷而怠慢，要像对待父母一样对待陈平的兄嫂。张负将孙女嫁给陈平，眼光自是不凡，这番话更体现了他能成为巨富的教养、胸襟和格局。

陈平借妻家之力提高了身份，又因是读书人而常被邀请主持社祭。社祭是一项公众性的祭祀活动，主持人一般是社会贤达，其中一项工作是将祭祀后的酒食分给参加活动的人。在当时的社会，酒和肉都属于奢侈品，因此分酒食这项工作往往要由有威望的人来做。陈平挥刀分肉，每个得到肉的人都很高兴，认为他很公平，并不由自主地赞扬他。事实上，分肉要善于把握人心，参加社祭的既有头面人物，也有穷苦百姓。面对一整头猪，有的人喜欢瘦的，有的人喜欢肥的，有的人喜欢带骨头的。陈平不是分得均匀，而是抓住了人的心理，其对人性的洞察能力可见一斑。故而，当人们赞扬他“善为宰”时，他也禁不住飘了起来，说了一句大话：“让我宰持天下，也如同分祭肉啊！”

有了妻家的支持，陈平交朋友的层级立刻就不同了。当时陈胜、吴广揭竿而起，六国贵族纷纷复国，陈平也被朋友拉着一起投奔复国的魏王咎，担任太仆。陈平积极地为魏王咎出谋划策，但遭到魏王咎身边人的诋毁，谋划也就无法实施。陈平是个聪明人，他不会把才智浪费在一个愚蠢的人身上，因此立刻就逃跑了。他追随的第二个东家是项羽。在项家军中，他很快就崭露头角，被封为“信武君”，和大将项悍一起领军。是时，刘邦出汉中与项羽争天下，项羽所封的殷王很快被击败，投降了刘邦。陈平在此事中无所作为，遭到了项羽的迁怒。于是，陈平封金挂印，再一次逃跑了。

陈平两次换东家，相当于进行了两次风险投资。很显然，陈平是一个理性的投资人，他不会赌上全部的身家性命，一旦风险评估达到警戒线，就会立刻抽身。这也是他能够在风起云涌的秦末乱局中生存的智慧。相较之下，张耳、陈余、郦食其等人不能不说是豪杰，但都在第一波浪涛中就被拍死在了沙滩上。

陈平的逃亡路上还有一段插曲。他离开项羽后，走到一条河边，上了一条渡船。他看到船夫频频偷看他，船到河心时，从船舱里又走出来一个人，极不面善。陈平明白了，这俩人恐怕是劫道的，见自己长得俊美，以为是携带钱财的有钱人。他立刻装作要帮忙的样子，将衣服脱下来扔到舱板上，光着膀子帮忙划船。见其衣服掉落没有发出任何声响，身无长物一目了然，两个水寇也就作罢了。要知道，水寇害命，无非为财，既然无财，也就不必杀人。陈平非常了解这类江湖人物的心理，故而一见二人，便摸清了他们的路数，使出了保命手段。

陈平的第三个东家是刘邦。不过此时刘邦已是一方诸侯，不是随便什么人都能够见到的。这时陈平善交朋友的好处就显现了，在刘邦处任职的往昔友人魏无知向刘邦引荐了他。在史书中，魏无知就是个打酱油的，连附录在别人传记后的资格都没有，而太史公却用了整整一个篇章来写陈平。但要是没有这么一个不起眼的朋友，陈平的命运很有可能会被改写。所以，不要轻视任何一个人，鸡鸣狗盗之徒，用对了地方，依旧不乏用武之地。

刘邦与陈平谈得很投机，问他在项羽手下担任什么职务，陈平回答是都尉。刘邦于是任命他同样的职务，并让他担任自己的参乘，负责监督诸将。古代乘车，车上除了有驭手外，还有一个陪坐人员，即“参乘”，一方面充当主人的保镖，另一方面有参谋的性质，其被信任程度自不可言。与刘邦一同起家的铁哥们儿见陈平这个新来的菜鸟受到刘邦如此重视，都愤愤不平。尤其是让他监督诸将，这等于是骑在了老伙计们的头上！大将周勃、灌婴率先发难，向刘邦告了一状。周勃说：“陈平虽然长得好看，但就像帽子上的玉饰，好看不中用，先是在魏王麾下，后来又跑到项王麾下，现在又到了大王您的帐下。他收取将领们的好处，谁给的好处多，他就把谁安排在好的地方。对于这种反复无常的小人，您怎么能重用呢？”

毫无疑问，周勃的话在刘邦的心中撬开了一条缝。对于刘邦而言，与能力相比，忠诚更加重要，何况陈平的能力尚未得到验证呢！不过，刘邦不是那种被人牵着鼻子走的人，要责难陈平，首先得从推荐人身上下手。于是，他召见了魏无知。魏无知并不否认陈平身上的缺点，但却向刘邦提出另一个问题：“方今天下大乱，我向您推荐的首先是有能力解决问题的人。假如推荐像孝己、尾生那样道德高尚但无助于胜利的人，您有机会重用他们吗？现今争胜负，只要有助于胜利，一些品德上的小瑕疵算得了什么呢？”很显然，魏无知避开了陈平的品德问题，而是强调自己荐人得当。在这一点上，他就很好地抓住了刘邦的心理。大乱之世，没有行动力，一切都是空谈。

刘邦没有怪罪魏无知，而是召见了陈平。刘邦的发问直指忠诚度，而陈平的回应也很简单：“我侍奉魏王，魏王不肯用我的筹划，所以我离去了；我侍奉项王，项王信任和重用的都是他的亲眷故旧，所以我离去了；听说大王重视人才，我光着身子来投奔您，不接受众将的钱财就没有资用。我的计谋大王能用就用，不能用的话，钱财都还在，一分都没有动，请让我离开吧。”

陈平的这一席话，有三层含义：其一，魏王、项王都不是成大事的人，前者不听进言，后者只信任小圈子里的人；其二，大王您重视人才，我才来投奔您；其三，我确实接受了众将领的钱财，但是做任何事情都得花钱，况且我并没有私用，而是准备做大事。他先是指出魏王、项王的短处，而后暗指刘邦小圈子诋毁自己的事实。但是，他没有撇清自己，而是十分务实地指出了钱财的作用。

刘邦对陈平的话很满意，让他继续监督诸将。此后，再没有人来刘邦耳边聒噪了，连立下战功最多的周勃都撼不动的人物，别人就更不用说了，何况陈平用实际行动证明了自己的能力。此后，他连出奇计，为刘邦夺取天下立下大功。

汉高祖、高后驾崩之后，面对吕氏夺权、刘氏不稳的局面，陈平又成为稳住大局、迎立汉文帝的人。他是高祖大臣中的智囊，也是创业团队中少见的几个平稳走向人生落幕的人之一。回过头来说，汉高祖平定天下后论功行赏，陈平被封为户牖侯，后又改为封户更多的曲逆侯。他向刘邦提起了此时已被边缘化、当年推荐他的人魏无知，刘邦根本不记得还有这号人物。经陈平提醒，他才封魏无知为高良侯（或作高梁侯），使其位居列侯。

高招二：

打造高质量“朋友圈”——卢纶

你的“朋友圈”质量决定了你的资本价值，而人的“朋友圈”是有极限的，并不是越大越好，所以，我们要学会珍惜自己的“圈子名额”。

卢纶出身著名的豪族范阳卢氏，不过到他这一代时，家族已经没落。由于父母早亡，卢纶从小就被寄养在舅舅家，好在舅舅家也是当时的望族——京兆杜氏。当时有一句俗语，“城南韦杜，去天尺五”，可见杜家的显赫。所以，卢纶从小就受到了良好的教育。唐玄宗天宝年间，卢纶考中进士，但是他的运气实在是不好，正好碰上“安史之乱”，所以没有机会做官。另有一些文献记载，他其实并未考中。总之，他生活的大唐已经不再是昌明的巅峰期。

没有机会做官，就去隐居终南山。唐朝的终南山，距离京城长安很近，去那里归隐的名流数量，可以说堪比长安城里居住的达官贵人的数量。成语“终南捷径”说的是初唐有个名叫卢藏用（与卢纶同出范阳卢氏）的人，虽有一身才华，但一直没有获得重用的机会，干脆写了一篇《芳草赋》，去终南山隐居了。武则天时期，他“著名隐士”的身份终于被朝廷知道了，于是被征召出山，给了个左拾遗的小官儿。他以此起家，做到礼部侍郎。后来，人们便把以隐居的方式来沽名钓誉、博取名声称为“终南捷径”。卢藏用在后世成了一个受尽嘲讽的角色，但这改变不了唐代大量有才能的人会隐居终南山的事实。卢纶到了终南山后，结交了一些志同道合的朋友，也释放了多年蹭蹬不第的落寞情绪。他在《落第后归终南别业》中写道：“久为名所误，春尽始归山。”

卢纶的隐士生涯并不长，因为他的诗名在长安已经广为人知，被不少大佬请去做客。比如王维的弟弟、宰相王缙就很看重他，另一宰相元载也极力向朝廷推荐他。大概是从小寄人篱下的缘故，卢纶察言观色的本事非常高，因而在长安的上层社交圈里简直是如鱼得水。可以说，半个长安城的显贵都加了他为好友，都看得见他发朋友圈。他与诗人李端、吉中孚、韩翃、钱起、司空曙、苗发、崔洞、耿湋、夏侯审等相互酬唱，夜夜组局聚会、吃烤肉，每次作的诗都能在长安城刮起一股流行风。时人将他们这个小团体称为“大历十才子”。

由于受两大宰相的举荐，卢纶被任命为阌乡县尉，类似于县公安局长的职务。莫要小瞧唐朝的县尉职务，很多人包括宰相元载，都是从县尉起家的。不过，这个微末小官与卢纶的期待甚远，好在他在长安的朋友圈中仍然发挥着作用，不久就被调入朝中担任集贤学士、监察御史。卢纶大概天生有“社交厉害症”，是宰相“杀手”，不但王缙、元载对他青睐有加，担任过宰相的常衮、李勉、齐映、陆贽、贾耽、裴均、令狐葱、马燧，包括眼高于顶的大诗人、大佬韦皋，精于骑射的大将军浑瑊，都对他十分礼遇。不过，朋友圈太广不全是好事，有时候也是坏事。立下大功的宰相元载权力太大，遭到唐代宗的猜忌，后来被逮捕下狱处死。王缙、卢纶被视为他的同党，遭受牵连被罢官。

唐德宗即位后，受元载牵连的人逐渐被召回。当时卢纶的好友浑瑊出镇河中，担任主帅，招其到军营任元帅府判官。军营生涯使得卢纶的诗歌有了盛唐时边塞诗的气象，他的《塞下曲》成了千古绝唱。

月黑雁飞高，单于夜遁逃。

欲将轻骑逐，大雪满弓刀。

这首《塞下曲》又名《和张仆射塞下曲》，其实也是其社交产物。

唐朝的“仆射”即宰相，诗题中的“张仆射”有两说：一说是张延赏，另一说是张建封。但无论是哪一位，都是执掌权柄的人物，可见卢纶社交之广。

由于文献缺失，我们已经无法全面了解卢纶的朋友圈，只能从其仅存的一些诗歌和有限的资料中去窥探。尽管如此，我们仍能看出他在长安社交圈中的影响。

卢纶的《塞下曲》共有六首，另一首同样知名，为他在大唐群星璀璨的诗歌天幕上争得一席之地。

林暗草惊风，将军夜引弓。

平明寻白羽，没在石棱中。

以汉比唐，是唐代人的一个传统。这首诗虽然写的是汉代飞将军李广，但也体现了诗人的雄心。卢纶的诗歌很受德宗皇帝重视，德宗皇帝便将他调入朝中任户部郎中，负责朝廷的财务工作。只是此时的卢纶已经到了生命的尽头，未能施展抱负就去世了。

纵观卢纶的一生，他和李白一样，是少有的几个可能没有参加正式的考试，依靠社交和诗才进入官场的唐朝人之一。要知道，唐朝虽然是强调人身依附关系的封建王朝，但是对士大夫的名分看得非常重，没有科举的加持，纵然出身豪门，有很多名流推荐，也无法在官场立足。尽管他的仕途并不顺，也相当短暂，但是他的大名被留在了历史的天空中，他“朋友圈”的高质量也着实令人望尘莫及，被史家们一再提及。

高招三：

把一手烂牌，打出精彩结局——刘皇后

打牌最有趣的地方就在于，即使拿到一手好牌，也未必能获得最终胜利；而即使抓了一手烂牌，也未必就注定失败。人生这场牌局也是如此，即使手抓一副烂牌，也能通过借力打力，在困局中实现逆袭。

宋太宗淳化年间，蜀地银匠龚美带着妻子刘氏到京城汴梁谋生。他们开了一家小铺子，专门给人打造银器。由于人生地不熟，加上在需要银器的达官贵人中没有人脉，他们很快就折了本。房东多次催促他们交房租，还说再不交就把他们赶出门去。龚美的妻子刘氏 15 岁，正值青春年华。他打算将妻子卖给别人，以继续撑起门面。这在如今当然是极其可耻和违反法律的事，但是在宋朝却发生了。有个名叫张耆的人得知刘氏是蜀地人，十分高兴。他告诉龚美，自己的主人想娶一房小妾，请求先由自己掌眼。一见之下，张耆惊为天人。他告诉龚美，自己需要禀告主人后再做定夺。刘氏见张耆言谈得体，气质非凡，猜测他的主人一定不是平常人，就赶紧将自己绣的一方手帕交给他，让他代自己呈给其主人。张耆没有拒绝，就收下了。

张耆的主人名叫赵元侃，他听了张耆的描述后，并未太在意。不过，当张耆呈上那件绣帕后，他眼前一亮，迫不及待地想见一见刘氏。数日后，刘氏与赵元侃相见。这位赵公子立即就挪不开眼了，放下 500 两银子，并将刘氏暂时安置在一处别业，然后以娶妾之礼迎入府邸。刘氏入府后，大吃一惊，原来这位赵公子不是别人，而是当今皇帝的儿子，被封爵为襄王。襄王赵元侃对刘氏十分宠爱，几乎可以说形影不离。一次，宋太宗召集儿子们，见赵元侃形态比以前消瘦，就私下向其奶娘了解情况。奶娘原本就不喜欢刘氏，因而就添油加醋地将其诋毁了一番。宋太宗得知儿子竟然娶再醮之女为妾，便勃然大怒，命令赵元侃将刘氏赶出王府。尽管赵元侃十分舍不得刘氏，但皇命难违，因而哭哭啼啼地去和刘氏告别。

面对哭泣的襄王，刘氏显得十分冷静。她对赵元侃说：“殿下不必伤心，妾并不在意名分，若殿下有意，可将妾安置在别院，妾必定日日念佛，为殿下祈福。”赵元侃见刘氏对自己如此深情，更不肯与她分手，于是命张耆将刘氏接走，暂时安置在张家。到了张家后，刘氏对张耆说：“我虽与王爷仳离，但是名分上，我依旧是主，你是仆，混居一处，只怕多有不便。”张耆一听吓得冷汗直冒，赶紧安排几个老成的、上了年纪的妇人侍候刘氏，自己则另寻住处。

按理来说，赵元侃与皇位是无缘的，但太宗长子赵元佐有心疾，曾在王府纵火，丧失了太宗的喜爱。大臣们中意于次子赵元僖，宰相吕蒙正甚至直接上奏请求立元僖为太子。但淳化三年（992 年）十一月，赵元僖暴毙。这样一来，皇冠就砸在了赵元侃的头上。淳化五年（994 年）九月，身体很糟糕的宋太宗征求大臣寇准的意见。寇准认为赵元侃堪当大任，因而任命他为开封府尹，改封寿王。

宋太宗驾崩后，改名为赵恒的赵元侃即位，是为宋真宗。他立刻将刘氏接入宫中，不过并未给她名分。原来，当初宋太宗将刘氏赶出襄王府后，让儿子娶了开国名将、忠武军节度使潘美的女儿潘氏。可惜潘氏运气实在不佳，只过了六年就病逝了，而且没有留下子女。之后，宋太宗又让儿子娶了宣徽南院使郭守文的女儿郭氏，此时的皇后正是此女。刘氏封后无望，就连封为普通的妃子也难。原来在她离开王府后，这位王爷先后娶了一堆小妾，此时都已升位为妃了。不过，刘氏对此并无怨言。为了避免与其他妃子争风吃醋，除了按宫中礼节要求的进行参拜之外，她只与淑妃杨氏有往来，平日就在宫中读书。

对宋真宗来说，无论是第一位王妃潘氏，还是现在的皇后郭氏，都是出身豪门大族的女子。刘氏的出身无疑是最低微的，但她有一个其他妃子都没有的优点，那就是十分谦卑。由于真宗性格宽厚甚至有些优柔，皇后郭氏便略显跋扈，甚至在内廷时还压真宗一头。大概正是因此，真宗才频频来会刘氏。景德元年（1004 年），宋真宗终于给了刘氏一个名分，封她为美人，在妃子中的品级为四品。后来，刘氏晋位为修仪，再晋位为德妃。刘氏父母早亡，在汴梁没有什么亲人，唯一算半个家人的就是前夫龚美。对于这个将自己转手他人换钱的男人，她没有报复，而是认作义兄。龚美顺势将自己的姓改为刘，自称刘美。至此，刘美成了外戚，沾了前妻的光，被宋真宗赐了个三班奉直的官。刘美以此起家，最后累官至武胜军节度使（观察留后），成了妥妥的封疆大吏。刘美活到 60 岁病故。宋真宗追赠他为太尉，还为他辍朝三日。之后，宋真宗又恩荫了刘美的儿子们为官。这一切都是因为刘氏。

郭皇后在 32 岁那年病故了。这一次宋真宗决定立刘氏为后，但遭到大臣寇准、李迪等人的强烈反对，理由是“刘氏出身微贱，不可母仪天下”。参知政事赵安仁干脆提出立出身高贵的沈才人为后，她是前宰相沈伦的孙女。资政殿学士王钦若抨击赵安仁请求立沈才人为后不是为公，而是有私心。宋真宗便罢黜了赵安仁的提议，立后之事暂时作罢。刘氏虽然未能被立为皇后，但她领教了政治斗争的厉害，明白了寻求政治盟友的意义。

宋真宗大中祥符三年（1010 年），刘氏的侍女李氏受真宗宠幸，诞下一子。这也是宋真宗当时唯一的子嗣。她将这个孩子要来作为自己的儿子，让淑妃杨氏代为抚养。由于刘氏的这个优势，两年后再次提出册立刘氏为皇后时，虽然大臣们依旧反对，翰林学士杨亿反应尤为激烈，拒绝草拟诏书，但这次真宗是铁了心。刘氏颇通文墨，宋真宗就偶尔拿奏折给她看，并当着她的面批阅，有时候还会采纳她的意见。时间长了，宋真宗干脆把奏折交给皇后刘氏打理。没想到，她批奏得也十分妥当。就这样，刘皇后逐渐掌握朝政，并与外朝的丁谓、曹利用等重臣相互通气，结为政治盟友。

当时宋真宗多病，奏章几乎全都由刘皇后过手。这当然瞒不过外朝的大臣，故而宰相寇准等大臣进言，认为女主掌政不利于天下。此时，宋真宗也对刘氏产生怀疑，因而向心腹大臣周怀正透露了让太子监国的想法。寇准获悉后，立刻悄悄进宫，与宋真宗商议“太子监国”的细节问题，出宫后便立刻让杨亿草拟好授予太子监国之权的诏书。不过，第二天上朝时，面对众多大臣，宋真宗又反悔了。丁谓等人立刻弹劾寇准，将他罢免。就这样，丁谓取代寇准，成了新的执政官。

周怀正见“太子监国”的筹划失败，寇准又被罢相，决定发动兵变，废掉皇后刘氏并处死她，拥立太子登基，让无法处理政务的宋真宗当太上皇。可未曾料到，兵变的前一晚，有个官员将消息透露给了丁谓。丁谓大吃一惊，立刻告诉曹利用。曹利用是宋真宗的心腹，有便宜出入宫之权，立刻进宫将消息告诉了刘皇后。刘皇后立即借皇帝之名下诏，捉拿了周怀正一党，将他们全部处死。她还下诏撤销寇准的莱国公爵位，先将其贬官到相州（今河南安阳），之后再贬官到安州（今湖北安陆），接着贬官到道州（今湖南道县）。连续三贬，使得寇准心惊胆战，心灰意冷。昏盲的宋真宗对此竟然丝毫不知，还问为何多日不见寇准，左右近臣，无人敢答。

刘皇后比宋真宗活得长，这也是她能成功的一大原因。宋真宗驾崩后，她是毫无争议的太后，以皇帝之母的身份听政。之前为了打击寇准，她与丁谓结盟，现在形势发生了变化，丁谓稳居相位，希望刘太后能回到后宫，由宰相实际执政。她见中书侍郎王曾与丁谓不和，就传召他单独进宫议事，并向他询问丁谓有无罪状。王曾立刻说:“丁谓窃弄权柄，包藏祸心。”刘太后命他起草弹劾奏章，于第二天朝堂上议事。

乾兴元年（1022 年）六月，刘太后与宋仁宗在承明殿议政，王曾上奏指出宰相丁谓瞒上欺下，与内廷宦官雷允恭勾结，并拿出了罪证。刘太后本想处死丁谓，但宋朝自立国以来没有杀执政大臣的先例。大臣们虽然厌恶丁谓，但都不同意定他死罪。最终，丁谓被罢相，流放崖州（今海南三亚）。

丁谓被赶出朝堂后，刘太后彻底掌控了朝堂，每隔五天与宋仁宗在承明殿举行一次议政会议。天圣二年，宋仁宗与大臣们为刘皇后上尊号：应元崇德仁寿慈圣皇太后。她身穿衮衣，也就是帝王的龙袍，接受百官朝贺。

尽管丁谓、寇准等宋真宗时的大臣多被赶出朝堂，但刘太后并非全无忌惮。真宗时的重臣，也是她曾经的政治盟友曹利用，就让她如芒在背。宋真宗景德元年（1004 年），辽国大举南侵，曹利用受命谈判，签订了澶渊之盟，维持了此后宋辽之间 100 多年的和平。因此大功，宋真宗极其看重曹利用，这也使得曹利用居功自傲，权倾朝野。每次上朝，刘太后和仁宗皇帝都尊称他为“侍中”，从不称其名。先前，为了打击寇准、周怀正，她需要丁谓、曹利用，现在寇准已不在，丁谓也被流放，是该处理掉这颗棋子了。

于是，刘太后命人搜集曹利用的犯罪证据。恰好曹的侄子、赵州兵马监押曹汭酒后穿黄衣，被兵丁们高呼“万岁”。她认为这是个机会，故而定下了“谋反”的罪状，并发手诏给宰相王曾，要他着手办理。尚书张士逊认为曹汭的确有罪，但未必是曹利用授意。刘皇后大怒，将张士逊贬到地方上为官。王曾一向厌恶曹利用的为人，但是谋反的罪名太重，牵连过多，一旦定罪，将要杀很多人，因而始终不肯下定论。刘太后见罢黜曹利用的目的达到了，便要求改判流放，立刻得到王曾的支持。曹利用在流放途中，自知已无生望，便自尽了。

刘氏是中国古代史上与吕后、武则天、北魏冯太后、辽国萧太后齐名的几位临朝称制的女性政治家。她身穿帝王龙袍，向大臣们询问唐朝武则天的故事，距离皇位只剩一步，却没有向前迈进。她出身卑微，却懂得把握机会，以一方绣帕赢得尚在潜邸的宋真宗的喜爱，从而拥有了改名换命的机会。当被赶出王府，处于不利局面时，她懂得洁身自好，与仆从张耆（后来累官昭德军节度使，晋封徐国公）保持距离；被宋真宗接入宫廷时，又能韬光养晦，等待时机。当宋真宗与她商议处理奏章时，她抓住机会，学会了批阅奏章的技巧，并趁机与外朝大臣结盟。

从某种程度上说，她是一个政治天才，精通“没有永远的朋友，只有共同的利益”这条法则，一旦昔日盟友与自己背道而驰，立刻先发制人。无论是寇准，还是丁谓、曹利用这些官场高手，无一不被她打得落花流水。她又十分克制，一些迎合她的臣子请求她效法唐朝的女皇武则天，她都予以拒绝。面对昔日的旧人，这个久经政治波澜的老人还保存着罕见的温情，将前夫刘美一家照顾得很好。当皇帝宋仁宗和刘美的儿子刘从德都喜欢富商王蒙正之女时，她愣是压住皇帝，将这个美貌的女子许配给了刘从德，并让刘家一门俱荣，将王氏女封为遂国夫人、刘从德封为荣国公。她深通人情，明明抓到的是一手烂牌，但却成了人生赢家。《宋史》中说她不是普通的民间女，父亲是嘉州（今属四川）

刺史刘通，祖父刘延庆是五代十国后晋、后汉右骁卫大将军，其实这不过是为抬高她的门第而附会而已。一个真正洞悉人情、懂得适时抓住机会的人，不需要靠抬高门第来装点自己，她的头脑与智慧就是最高明的招数。

高招四：

抓住机会，借势而上——随何

当一件事，别人都不敢做，唯有你敢，而且能做成的时候，这就是你的机会，理应当仁不让，借势而上。

公元前205年四月，汉王刘邦率军到洛阳，名士董公对他说："兵出无名，事故不成。"董公建议他打着为义帝（楚怀王）报仇的旗号，讨伐项羽。于是，刘邦命令三军穿戴孝服，为义帝发丧。刘邦在檄文中说："天下英豪共立义帝，一起面朝北侍奉他。如今项羽将义帝放逐到江南又害死了他，实属大逆不道。我亲自发丧，诸侯们一起穿戴孝服，征发关内的全部士兵，讨伐不义之人。"

当时，项羽正在齐地收拾不安分的田荣。彭城空虚，刘邦便联合塞、翟、魏、赵、殷等诸侯联军50多万人，杀向项羽的地盘。项羽得知刘邦偷袭后，留下部将继续在齐地扫荡，自己则率领3万骑兵一路疾驰。驻守在鲁县的樊哙哪里是他的对手，一击即溃。

刘邦和诸将拿下彭城后，将西楚的财宝装了几大车，还抢夺了不少美人，彻底被胜利冲昏了头脑，整日饮酒作乐。项羽的骑兵没有直接进攻，而是绕到彭城西，在凌晨时对汉军发起猛烈攻击。驻守下邑的汉军大将吕泽来不及反应，大败而逃。刘邦则紧急逃出彭城，一路向泗水撤退。楚军犹如虎入羊群，一时间汉军死者狼藉，相互践踏，还有为了逃命坠入濉水淹死者，共计10多万人丢了性命。刘邦率领残兵败将到达砀县喘了一口气，行进到砀县西才得以与同样率领残军的吕泽会合。

到了虞县，刘邦乱发脾气，对跟随在身边的儒生一通乱喷，说："你们这群人，就不配合我谋划天下大事。"负责传达和通报工作的谒者随何就是个儒生，走向前对刘邦说：“我没有听明白大王您的意思。”

刘邦说：“谁能出使淮南，让九江王英布叛离项羽，倒向我？”

随何说：“我可为使者。”

刘邦当即安排给随何 20 个人，让他们充当使团成员。随即，一行人驾着车出发了。

到了淮南后，九江王府的太宰负责接待随何，过了三天也没有安排会见英布。

随何对太宰说：“大王不愿召见我，是认为西楚国强大，而汉国羸弱，这正是我来这里的原因。请大王召见我，如果我说到了大王的心坎上，那说明我们意见相投；如果我说得不对，我宁可将我们这 20 人的脑袋一起交出来。”

太宰听后回禀了英布，英布立刻安排与随何会面。

随何对坐在大殿上的英布说：“汉王派我来见您，我疑惑大王您为何与西楚那么亲近。”

英布说：“亲近的因由，是我与项王如同君臣，所以面朝北，像臣子那样侍奉他。”

随何说：“大王您和项王同为诸侯，却像臣子那样侍奉项王，一定是认为他强大，可以把自己的王国托付给他。那么，项王攻打齐国，亲自背着修筑城墙的工具，身先士卒地厮杀时，您就应该率领自己的全部人马去助阵，并且做战斗的先锋，但是您并没有这样做，只是派了 4000 人象征性地助战而已。汉王来攻彭城时，你应该调动全部人马，帮助项王攻打汉王，可是您却袖手旁观，坐观二人成败。这就是您以臣事君的姿态吗？大王，您表面上投靠西楚，实际上是为了获得更大的利益。我认为这非常不可取。大王不愿背弃西楚，是认为西楚强大，但楚国的军队再强大，终究要背着杀害义帝、辜负天下人的恶名。”接着，随何向英布分析了当前的形势：

刘邦虽然战败，但是回兵后驻守城皋、荥阳一线，获得了萧何源源不断送来的蜀地、汉中的粮食和兵员。汉军修筑坚固的堡垒，挖掘宽阔的护城河，分兵把守咽喉要道。楚军要想撤到自己的地盘，中间隔着梁地，彭越的游击军会不断地骚扰并破坏补给线。楚军孤军深入，进取攻不下坚壁高垒，退却又无法摆脱汉军的追击，一定会失败，故而楚军是不可倚靠的。

随何的一番分析，宛若口吐莲花，说得英布大为折服，口头答应归附汉军，但不愿泄露消息，给自己留了余地。当时项羽派来的使者也在淮南，敦促英布尽快出兵进攻刘邦。为了彻底堵死英布的后路，随何找到楚国使者所住的宾馆，直接闯了进去，坐在楚国使者上位的席子上，厉声说：“九江王已经归附汉王，楚国凭什么让他出兵击汉？”听闻此话，楚国使者准备溜走。随何趁机对英布说：“事情已经到了这一步，再没有转圜的余地，大王您应杀掉楚国使者，不能让他回到项羽身边。我们应立刻向汉军靠拢，协同作战。”

英布说：“就按先生说的办。”随即杀了楚国使者，投向汉军的怀抱。

随何只用一席话就策反了英布。但是项羽死后，天下大定，刘邦论功行赏，却故意贬低随何的功劳，说随何是陈腐的儒生，治理天下怎能用什么都不懂的儒生呢！随何跪在殿阶下上奏："陛下您当年与项羽在彭城大战，英布尚未归汉，您认为调动步兵五万、骑兵五千，能够击败他吗？"

刘邦说："不能。"

随何进一步说："陛下派我领着20个人到淮南，我用一席话就让英布归附，实现了陛下的目的，我的能量恐怕超过了五万步兵加五千骑兵吧。如今陛下却说我是腐儒，这是为什么呢？"

刘邦改口说："我正在考虑你的功勋。"之后，刘邦便任命他担任护军中尉。受汉高祖信任的谋士陈平，也担任过这个官职。

随何以一席话就解决了数万大军不能解决的问题，帮了刘邦的大忙，给项羽添了不少堵。在刘邦麾下的智囊团队中，可以说张良、陈平是第一梯队，郦食其和审食其是第二梯队，随何算是第三梯队的佼佼者，而他之所以能挤入这一梯队，除了其业务能力之强，还有一点非常重要，那就是他善于把握机会，展现自己的价值，并且在论功行赏之际，也敢于为自己争功，借势而上。

高招五：

投桃报李，朋友是你的最大依靠——管仲

一个人的力量是渺小的，想要成功，就离不开他人的帮助。而在目标不一致、没有足够利益诱惑的情况下，愿意帮助你的可能只有父母和朋友。

春秋时期，齐国著名的宰相管仲，辅佐齐桓公，使齐国成为东方的霸主。管仲有一个从小就在一起的好朋友，叫鲍叔牙。由于两人亲密无间，后世将管仲和鲍叔牙合称管鲍。

在二人年轻的时候，他们曾经合伙做生意。鲍叔牙生在一个富裕的家庭，管仲则出身贫寒。于是在出本钱的时候，鲍叔牙出了一大半，而在分红利的时候，又总是拿一小半。认识他们的人都觉得鲍叔牙糊涂，吃了大亏："鲍叔牙，你可真糊涂啊！你跟管仲两个人一同做买卖，表面说是合作，其实本钱多数是你出的，那么赚了钱，管仲凭什么多分呢？至少也应该是一人得一半啊！"鲍叔牙却回答说："你们不明白，管仲的家境不好，他有老母亲要奉养，多拿一些是应该的。"这番话，让那些在两人背后说三道四的人再也无话可说。

管仲和鲍叔牙也曾经一同上过战场。在打仗的时候，管仲总是躲在最后面，表现得一点都不勇敢，人们都对管仲很不满。鲍叔牙知道这件事之后，就为管仲辩护道："管仲之所以不肯拼命，是因为他的母亲年纪大了，他又是家里的独子，万一他有个三长两短，他的母亲可怎么办啊！"

后来，管仲也做过几次官，每次都因为表现不好而被免职，招来大家的耻笑。鲍叔牙知道后，就对人们说："其实，管仲并不是不能干，只是运气不好，没有碰到能够赏识他的明主。这些小事不适合他来做，他可是一个做大事的人啊！"

再后来，管仲辅佐公子纠又失败了，鲍叔牙辅佐的公子小白却接掌了齐国的政权。公子小白就是后来成为春秋五霸之一的齐桓公。齐桓公即位后，立刻请来鲍叔牙，告诉他说：“我们国家经历了这么久的混乱，现在总算安定下来。为了使全国百姓以后能好好过日子，我要请您做宰相，帮助我治理国家。”

想不到，鲍叔牙竟然拒绝了。他对齐桓公说：“感谢您如此看重我，要我做宰相，只是我的能力实在无法担当这么重大的责任。”

齐桓公很惊讶：“如果您不肯帮助我，我要怎么才能治理好国家呢？”

鲍叔牙恭敬而严肃地说：“大王，我推荐一个人做齐国的宰相，没有人比他更合适了。这个人，就是管仲。”

齐桓公听到管仲的名字勃然大怒：“他辅佐公子纠的时候，差点一箭射死我，我恨不得亲手杀了他，报一箭之仇，您还打算让我请他做宰相？”

鲍叔牙耐心解释说：“管仲当初射您一箭，是因为他当时是公子纠的臣子，想要让公子纠当上齐国的大王，而您正是公子纠最大的竞争对手。除掉您，才是为公子纠着想。这不是跟您有什么个人恩怨，只是各为其主罢了。相信当他成为齐国的宰相时，也会像辅佐公子纠一样用心辅佐您。”

见齐桓公还有些犹豫，鲍叔牙继续劝说：“齐国强大，成为中原霸主，是您的愿望吧。能帮您达成这一愿望的，非管仲不可。请您忘记过去的恩怨，任用管仲吧。”

齐桓公终于听了鲍叔牙的话，放下恩怨。他谎称要亲自报仇，把管仲接回都城临淄。在管仲抵达之前，为他沐浴更衣，齐桓公带领大臣亲自出城迎接。如此隆重的礼仪深深感动了管仲，管仲决定为齐桓公效死命。

在齐桓公与管仲的努力下，齐国成为当时最强大的国家，齐桓公也成为春秋时期第一个中原霸主。后来，提到鲍叔牙的时候，管仲无比感慨地说："生我的是父母，而了解我的却是鲍叔牙啊。"

人人都称赞管仲是治国能臣，就连《三国演义》中的诸葛亮也是自比管仲、乐毅。可见，管仲在人们心目中的地位是奇高无比的。但是，没有鲍叔牙的帮助，管仲会有飞黄腾达的机会吗？

在两人年轻的时候，管仲要是没有鲍叔牙的接济，可能早早就饿死了。在战场上，要是没有鲍叔牙处处关照管仲，也许管仲已经死在了战场之上。在齐桓公即位后，如果没有鲍叔牙帮管仲说话，也许管仲已经和公子纠一起被处死。人生有巅峰也有低谷，在低谷时如果没有朋友拉自己一把，或许就再也看不到登上巅峰的机会。多个朋友多条路，人生中每个能为自己增加一次选择的机会都不要错过。因此，多交些能互相理解、互相扶持的朋友吧。

柒

知人·阅世

——多智善谋，遇事迎刃而解

高招一：
厚积薄发，打造过人的“硬实力”——曾国藩

在你还没有足够的实力时，与其热衷于攀附结交他人，不如沉下心来提升自己。等你拥有了过人的“硬实力”后，你的人生自然就能实现质的跨越，一切问题也将迎刃而解。

曾国藩出生于湖南长沙湘乡荷叶塘白杨坪的一个普通农家，小时候并不算聪明，然而他一生在官场上纵横捭阖、领袖群伦，被各方大佬视为领头羊。那么，他的核心力量是什么呢？

曾国藩一向不觉得自己是个聪明人，有一个故事足以证明这点。小时候，一天晚上，曾国藩进书房读书前，家里来了一个贼，这个贼听到门外来了人，就躲到了房梁上，想等主人睡着后再离去。曾国藩进了书房后，点上灯便开始读书，一篇文章读了几十遍，依旧背不下来。躲在房梁上的贼实在耐不住性子跳了下来，指着他的鼻子骂他笨，并将那篇文章背了下来，然后抢过曾国藩手里的书扔在地上，夺门而去。原来那个贼在房梁上听曾国藩读了一遍又一遍，听都听会了。问题是，这个聪明的贼最后究竟如何了，无人知晓。曾家的这个笨小孩，仍旧是继续读书、考试，为他出将入相的梦想铺路。

古代科举考试中榜者分三个级别，即秀才、举人、进士。有的人考了一辈子还是秀才，有的人不停地考连秀才也捞不到。

曾国藩的祖父叫曾玉屏，他对儿孙们的期望很高。曾国藩参加秀才考试的那一年，他的父亲曾麟书也一同参加了。父子同堂，也算是一段佳话，然而结局惨不忍睹，父子双双落榜，背着考篮和笔墨，徒步数百里，几乎是哭着回去的。然而，曾氏父子并不气馁，他们继续读，继续考，继续落榜……曾国藩连续考了7次，23岁时才考上秀才；他的父亲竟然考了17次，43岁时才榜上有名。曾麟书大概也知道自己不是读书的料，加之中了秀才也算是读书人，便不再考了，而是专心供儿子读书。

对于这段考试时光，曾国藩回忆道：“府君（指其父）既累困于学政之试，厥后挈国藩以就试，父子徒步橐笔以干有司，又久不遇。”

中了秀才的曾国藩似乎开了窍，一年后就中了举人，他异常喜悦。只是他高兴得有点早：道光十五年（1835 年），他赴京参加会试，名落孙山；道光十六年（1836 年），不甘心的他再次参加会试，依旧是落榜。

好在曾国藩是个反应弧比较长的人，这要是一个心理脆弱的恐怕早就放弃了。两年后，他再次参加会试，终于中了进士，二甲殿试第 42 名，赐同进士出身。按照惯例，中了进士后要拜访座师。只是以曾国藩的成绩，恐怕见不到主考官穆彰阿，点翰林更是没有他的份，那必须是头几名才行。运气好一点，他会被分配到一个偏远的县当县令。当然，曾国藩也预料到了这个结局，但是他不甘心，因而找湖南同乡郭嵩焘聊天。郭嵩焘建议他去找另一个同乡劳崇光。劳崇光是穆彰阿的得意门生，与曾国藩的私交颇为不错。

为了给穆彰阿留下好印象，曾国藩写了一首诗，请劳崇光代呈。写诗是要靠天分和才华的，一个考了 7 次才中秀才的人，写出来的诗必定四平八稳、庸常可知。穆彰阿只看了一眼诗稿，就将其放在一边。劳崇光纵然是得意门生，也不敢问。过了几天，曾国藩见没有动静，又挖空心思写了一篇诗文，请劳崇光代呈。

可想而知，结局还是一样。

曾国藩这个人最大的特点，就是足够执着。他又一次写了诗文，请劳崇光代呈。这一次，劳崇光是硬着头皮答应帮忙的，并警告曾国藩不会再有下次了。然而，正是这一次打动了穆彰阿。当然，不是他的诗写得好，而是他太执着了，穆彰阿看重的正是这一点。

曾国藩的木讷、老成持重，也许在旁人看来是缺点，但在穆彰阿眼里恰恰是优点。就这样，曾国藩点了翰林。穆彰阿是道光帝跟前的红人，任首席军机大臣、文华殿大学士。有了他的提携，曾国藩10年间获得7次升迁，在礼部、兵部、工部都干过副职（侍郎），成为二品大员。除了穆彰阿之外，曾国藩还搭上了三朝帝师、领班军机大臣祁寯藻的线，正是这条线日后挽救了他的仕途。按理来说，就算他是翰林，也很难与这样的显贵搭上关系，毕竟在京城扔一块砖头都能砸中一堆红顶子。但曾国藩就是有这样的手段，他与祁寯藻的胞弟祁宿藻是同榜进士，十分投缘，一来二去，也就与这位同学的大哥熟悉了。

道光帝驾崩后，咸丰帝上台。早在还是太子时，咸丰帝就很讨厌穆彰阿，登基后便一纸诏书将穆彰阿罢了官，就差没砍他脑袋了。至此，穆彰阿的党徒们的运气也就到头了。曾国藩作为穆彰阿的得意门生，是妥妥的穆党，自然也在打击的范围之内。刚好当时咸丰帝下诏求进言，曾国藩便写了一道《敬陈圣德三端预防流弊疏》，说得好听点是直白地指出皇帝的不足，实际上是把咸丰帝骂了个狗血淋头。咸丰帝看了奏章，气得暴跳如雷、七窍生烟，立召军机大臣，将要治罪。这时候，站在一边的老臣祁寯藻轻轻说了一句：“主圣臣直。”这一句奉承话说得极是时候，不但给咸丰帝降了火，也有了进一步进言的机会。祁寯藻向咸丰帝解释，求直言的诏书是皇帝下的，如今像曾国藩这样敢说真话、直话的臣子不多，如果就此把曾国藩处理了，那么就会失信于群臣，再也不敢有人进言了，您也就听不到真话了。所以，咸丰帝不但没有治曾国藩的罪，反而给他派了新的差事。

从道光十八年（1838 年）起，曾国藩整整做了 13 年京官。除了日常公务外，他还干了另外一件事，那就是打造坚实的朋友圈。太常寺卿唐鉴、大学士倭仁、刑部侍郎吴廷栋、江西道御史窦垿、通政司副使王庆云……这些官员有的精通理学，有的擅长诗文，有的好金石学，有的是通儒，都在气质上与曾国藩相通，因而在公务之余，他们经常饮酒畅谈。所谓“十年磨一剑，一朝试锋芒”，曾国藩的京官生涯，使他在为人、为学、为官等方面都炼得炉火纯青，在人性的洞悉方面更是登峰造极，剩下的就是成就一番大业了。

太平天国运动的爆发，给了曾国藩这个机会。咸丰二年(1852 年)，曾国藩的母亲去世。按照惯例，他要回乡丁忧，也就是离职守孝。此时，太平军已经杀入湖南，并占领了岳州（今岳阳）。曾国藩上书请求组织团练，即在地方上组织乡民抵抗太平军。得到允许后，他便与湖南巡抚张亮基一起练兵。为了训练出一支敢战、善战的军队，曾国藩亲自挑选军官，尤其注意将有师生、同窗、同乡关系的读书人招入军中。他拒绝社会上的闲散人员当兵。因为这些人固然悍勇，然而往往也十分油滑，遇到攻坚战容易开溜。有师生、同窗、同乡关系的人，彼此知根知底，作战时能形成牢固的协作团体。而且，这些人有一定的文化知识，能够很好地了解作战意图。就这样，曾国藩的湖南老乡、双峰教书先生罗泽南进入军营，罗泽南的学生王鑫、李续宾、李续宜、李杏春、蒋益澧、刘腾鸿、杨昌濬、康景晖、朱铁桥、罗信南、谢邦翰等一干人也都进了军营。这些人后来都成了湘军的大将，不少人官至督抚。

曾国藩率兵与太平军一再血战，但一直挂着京官侍郎的虚衔给咸丰帝打工，并未获得实职。不过，曾国藩对此并无怨言。拿破仑·希尔说过："提供你所得酬劳的服务，很快酬劳就将超出你所提供的服务。"一个人如果总是盯着自己的待遇，是会失去待遇背后的成长机会的，曾国藩显然深谙其中的道理。他很清楚，在时局中，什么花言巧语都不及实力，用实力说话比什么都有力量。这也是为何京中大佬的门前车水马龙，而小官员们只能坐冷板凳。只要你拥有实力，上司也好，同僚也好，下属也好，都会踊跃进入你的社交圈。咸丰四年（1854 年）十月十四日，湘军从太平军手中夺回武昌。咸丰帝下诏，让曾国藩任湖北巡抚，虽然只是代理，但总算成了一方大员。

曾国藩在与太平军的较量中有赢有输，总结起来就是四个字——屡败屡战。咸丰十年（1860年），曾国藩终于被实授两江总督，成为封疆大吏。与他合作过的督抚，无论是胡林翼、骆秉章、张亮基还是左宗棠、彭玉麟等皆是人杰，为何他们会折服于曾国藩呢？当然是因为实力。曾国藩早年在穆彰阿座下，除了品行外，靠的是官场上的人脉；领军之后，靠的则是实力。就连大清皇帝，也要依赖他保住江山。可见，实力才是硬道理，有了过硬的实力，随手一挥，都是高招。

在现代社会也是如此，只要你能够为企业发展提供效能，为团队发展提供绩效，你在组织中就能站稳脚跟，成为不可或缺的存在。曾国藩带给我们的启示，正在于此。

高招二：
有理有据，掐灭领导的“一时兴起”
——张释之

做正确的事，不仅能体现有本事，而且能证明自己的不可替代性。

张释之，西汉著名法官，最初担任骑郎，也就是皇帝出行时的车骑随从。他从骑郎起家，累迁公车令（秩六百石的官员）、中大夫、中郎将（秩比两千石，负责皇帝禁卫）、廷尉，以尊重法律、量刑得当著称。

张释之任谒者仆射（负责传达的官员）时，一次陪伴汉文帝到上林苑去看老虎。上林苑是皇帝私人的野生动物园，汉文帝向管理这个庞大动物园的园长（上林尉）询问园里动物的情况。园长不善言谈，口齿不灵便，回答得磕磕绊绊。汉文帝十分不高兴，又问旁边的啬夫，也就是小职员。这个小职员对答如流，很对汉文帝的胃口，也获得了汉文帝的赞赏。事后，他让张释之写一道诏书，罢免上林尉，让那个啬夫代替。

张释之没有听从，而是向汉文帝提出几个问题。他问：“绛侯周勃怎么样？”

文帝答：“是个有真才实学的人。”

又问：“东阳侯张相怎么样？”

文帝答：“也是个有才干的人。”

张释之说：“周勃和张相都不善言谈，但是他们很有才能。陛下您因为啬夫善于言谈，而不考虑他其他方面的能力，就让他代替上林尉，这是鼓励夸夸其谈的作风啊。这样一来，上行下效，只怕会举措失当。秦国就是这样败亡的。”

汉文帝听后只说了一个字“善”，啬夫升职的事就不了了之了。在回去的途中，汉文帝向张释之咨询了很多秦国兴亡之道，并将他升为公车令。张释之对于汉文帝心血来潮的命令没有无脑地去执行，而是耐心引导，使得汉文帝放弃了自己的想法。

张释之担任廷尉时，一次和汉文帝、汉文帝宠爱的慎夫人，以及满朝大臣到霸陵视察。那天汉文帝的心情很好，登上了高大的山陵，眺望北面的新丰道，对慎夫人说："你看那条路，就是通往邯郸的路。"汉文帝刘恒没有当皇帝前，被封为代王，对赵、代等地非常熟悉。他这是在回忆早年的生活，有点儿怀旧的味道。他命令慎夫人弹奏瑟，自己唱歌，唱着唱着，他的心情开始低落，感到人生转瞬即逝，指着霸陵说："用北面山上的石头做椁，在棺椁的缝隙里填上切碎的苎麻丝絮，再涂上漆，就打不开了吧。"汉文帝说这话，实际上是将霸陵指定为自己的陵墓所在地。其他大臣对皇帝说的话，当然是齐声附和，各种花式称赞，但张释之却说："如果棺椁里有吸引人的东西，即便封铸整个南山，也还有缝隙；如果棺椁里没有吸引人的东西，即便没有棺椁，也不必忧虑吧。"

汉文帝认同了张释之的说法，将他升迁为廷尉。后来，汉文帝驾崩，遗诏只用瓦器陪葬，不允许用金银器皿。一直到五代，后周皇帝郭威还对周世宗柴荣说，自己经过汉代诸帝的陵时，发现大多被盗掘了，只有汉文帝的霸陵，因为里面没有值钱的东西，没有使盗墓贼产生兴趣，所以完好无损。这是汉文帝接受了张释之劝谏的结果。

汉文帝出行到中渭桥上，突然从桥底下窜出来一个人，惊了汉文帝骑乘的马，差点儿将汉文帝摔下来。卫队抓住了那个人，将他交给张释之处理。张释之判定："冒犯法驾，罚金四两（此处罚金指的是铜）。"张释之将审理结果上报给汉文帝后，汉文帝非常不满意，认为惩罚得太轻了。张释之回答道："已经定下的法律，天子和百姓都应该尊重它，不能有所偏私。如果不按照法律规定，量刑过重，以后还怎么取信于百姓呢？我担任廷尉，是天下法官的首脑，如果不按照律令审案，地方官也会不按照律令办事。这会导致老百姓们惶恐不安，国家就危险了。"

汉文帝认可了张释之的处理意见，不再过问。

有个窃贼盗取汉高祖庙里祭祀用的玉环时，被守卫抓住了，并交给廷尉处理。张释之对这个人判了死刑。高祖庙是汉文帝父亲的祭祀神殿，偷这里的东西无疑是从老虎嘴上拔毛，惹得汉文帝大怒，要求张释之灭他族人。张释之上奏说："盗窃太祖庙的物品判死刑，已经是极致了。如果因为这个灭族，以后有人挖了高祖陵墓的土，该判什么罪呢？"

汉文帝和母亲商议了很久，认为张释之判得合理，便不再追问。

类似这样的事例还有很多。面对领导的一时兴起或不合理要求，张释之都能轻松应对，高招频出，而且有理有据，每次都得到了文帝的认可和赞赏。张释之堪称古代"向上管理"的典范。

高招三：
运筹帷幄，完成“不可能完成的任务”
——丁谓

想达到一般人无法企及的高度，就需要完成一般人不可能完成的任务。

丁谓，北宋人，进士出身，累官至尚书左仆射、门下侍郎、平章事兼太子少师，晋爵晋国公。丁谓的人品不怎么样，在北宋就很受诟病，被称为“五鬼”之一。但是他解决实际问题的能力很强，故而得到宋真宗的信任，被任命为宰相，得以执政。

丁谓的记忆力极好，别人读文章往往需要读很多遍才能记住，而他读一遍即能背诵。任职三司时，堆积的文牍犹如一座小山，官吏们很久都不能解决。丁谓一上任，好似风卷残云，几天之内就全部解决了。对于一些疑难问题，他能拿出中肯、切实的意见，令上级与下属都十分满意。大中祥符二年（1009 年），宋真宗下诏修建玉清昭应宫这一浩大工程。这项工程占地 480 亩，即 32 万平方米，包括宏大的宫殿、楼阁、明堂、桥梁、水池等，房屋共计 2610 间，预计 15 年建成。当时的士大夫认为，这座宫殿超过了秦始皇的阿房宫，“竭天下之才，伤生民之命”。丁谓接手这项工程后，将它划分成 2000 余个区，进行综合统筹，只用了 8 年时间就完成了，工期几乎缩短了一半。那么，丁谓是如何完成这个任务的呢？我们不妨先看看他是怎样修建另一工程的。

宋真宗是个奢华且做作的皇帝，喜欢玩“祥瑞”的把戏，制造老天眷顾他的假象。一次，宫中发生火灾，一夜之间将他的宫殿烧了个精光。好在内侍们救火及时，皇帝的性命才得以保全，而后暂时在一座偏远的离宫办公。为了尽快建成宫殿，宋真宗在离宫召开了御前会议。大臣们讨论了一上午，认为原来的宫殿是五代以来至太祖、太宗朝，经多个皇帝逐渐扩建的，要恢复宫殿原貌，工程量大，不可能一蹴而就，工期短则五年，长则十年。宋真宗一听，顿时大怒，自己在这个小破宫殿里办公五到十年，实在有损皇家威严。他宣布散会，将大臣们都撵了出去，只留下参知政事丁谓、户部和工部的主官，问他们重建宫殿最少需要多长时间。户部和工部的官员将之前开会时说的话又说了一遍，丁谓却禀奏只用三年就能完成。宋真宗大喜，命丁谓全权负责。户部和工部的官员一听这么短的工期，顿时傻了眼，而皇帝早已回了后宫。

丁谓到了工地，发现火灾之后遍地都是断壁残垣，要重建宫殿，首先要将这些残骸清走。重建工程还需要大量的木材和石料，施工则需要大量的新土。要解决这些问题，最大的难题在于运输。如果筹划不当，不要说修建宫殿了，恐怕修整出一个平阔的工地就需要耗费大量人力和物力。眼看夏天就要结束了，在冬天来之前，要是不能先为皇帝建造出几座完整的宫殿供其居住，恐怕会因“欺君之罪”而脑袋搬家。

为了解决问题，丁谓吃住都在工地上。他调查后发现有一条水沟通往汴河，这是皇宫的御河。他顿时灵机一动，和负责的工部官员制订了如下方案。

第一，在工地上挖十条大沟，把挖出来的土作为施工用的新土。

第二，将汴河的水引入所挖的大沟里，采用水运的方式，将各地的木料、石材通过水沟运到工地。

第三，完成木材、石料等建筑材料的运输后，排干沟中的水，将烧毁的宫殿废墟回填到沟中，解决废墟外运的问题。

丁谓的这一套连招下来，极大地节省了时间和人力，只用了两年半就基本完成了皇宫的复建。他赢得了宋真宗的敬重，并被视作股肱之臣。

现代管理学中，有一门学科叫“运筹学”。人们通常认为这门学科是在第二次世界大战时开始出现的，将领们需要将大量的物资、军械、弹药运送到作战区域，因而参谋人员们研究出了科学的运筹手段。事实上，运筹学在我国有很悠久的历史，丁谓就是深谙这门学科的大师。

运筹学作为一门解决实际问题的学问，在处理相关问题时，通常有以下几个步骤：首先是确立目标，其次是制订方案，再次是建立模型，最后是给出解决方案。丁谓在皇宫复建工程中，首先从根本问题，即废墟处理和土石方运输入手，从而达到一举三得的效果。

运筹学是人们解决实际问题、提出解决方案的必不可少的工具，它不论在古代还是现代，都有非常重要的意义。

高招四：

加剧矛盾，从内部瓦解敌人——张登

敌方的内部矛盾，便是我方的有利之机。聪明人懂得找到敌方阵营的裂隙，分而击之。

公元前 323 年，魏国人公孙衍发起了“五国相王”的运动，也就是魏、韩、赵、燕和中山五个国家的君主相互承认对方的“王号”。在此之前，只有周天子才能称王，诸侯们只能按照早期分封的“公、侯、伯、子、男”的爵位相称。当然，楚、吴、越三个南方国家之前已经僭越加上了“王号”。“五国相王”既是对彼此地位的承认，也是对抗崛起的秦国的结盟运动。在“徐州相王”中，齐国和魏国国君已经彼此承认对方的“王号”，故而这次“五国相王”引起齐国的不满，它认为中山国只是一个二流国家，不配称王，耻与同列，因而派使者告诉魏、赵两国共同出兵讨伐，去其王号。

中山国夹在魏、赵之间，通过相王运动在战国乱世获得一席之地实为不易。齐国的动议令中山国君非常惊恐，他赶紧召集臣子们商议。大臣张登请求给自己车马资财，去瓦解齐、魏、赵的阵营。他带着重金先找到齐国的执政田婴，对他说：“齐国联合魏、赵讨伐中山国，对谁有利？”田婴请张登详说。张登说：“中山国距离魏、赵近，距离齐国远，讨伐中山国，这是加强了魏、赵两国的实力，对齐国却没好处。”

田婴认为张登说得有理，问他该怎么办。

张登说：“如今，齐国承认中山国的王号和地位，魏、赵两国必定恼怒，攻击中山国，中山国必定倒向齐国，这是加强了齐国，削弱了魏、赵。”

田婴认同张登的说法，但遭到另一大臣张丑的反对。张丑说：“同欲者相憎，同忧者相亲。为了与中山国结好，而寒了别国的心，不可取。”

田婴没有接受张丑的意见，仍然与中山国交好。其实，张丑说出了事情的本质：魏、赵、齐三国的欲望是相同的，都担忧对方势力增强，故而暗地里彼此相憎；它们准备削弱的中山国，则与之有共同的忧虑，是怕自己变弱。

张登正是看清了三国阵营的这一缺陷，因而转身出使魏、赵两国。他对两国国君说：“齐国一开始坚决反对中山国称王，现在又积极拉拢中山国，这是为了以后对付你们，你们应该抢在齐国之前与中山国相王，使齐国失去牵制你们的机会。”魏、赵两国国君同意张登之说，承认了中山国的地位。至此，魏、赵、齐联合出兵的计划不但破产，而且中山国的地位也获得了承认。

面对强大的敌手时，站稳脚跟的最好方式便是加剧对手阵营的矛盾，使其从内部瓦解，从而为自己争取生存的时间，这也正是张登的高明之处。中山国能够崛起，并与战国七雄争锋，正是利用了列国各怀心思、彼此不团结的矛盾。

高招五：

提高门槛，让危机化解于无形——颜率

一场谈判结束之后，若双方都感觉自己输了，是糟糕的谈判；若有一方觉得自己输了，是平庸的谈判；若双方都认为自己没有输，才是高明的谈判！

东周晚期，周天子的权威日益下降，位同小侯。继楚庄王“问鼎”之后，不少诸侯打起了周王室“九鼎”的主意。

传说“九鼎”由大禹所铸，上面有天下九州的地图和物产的记录。夏朝灭亡后，商朝的开国君主成汤把九鼎搬到都城；商朝灭亡后，周武王将九鼎从朝歌搬到镐京；周平王东迁，将九鼎搬到洛邑。谁得到九鼎，就意味着是天命所归。秦国自秦穆公之后，不断东扩，逐渐蚕食周王室的土地，兵临东周君城邑之下，向东周君索要九鼎。东周君召集群臣商量对策。大臣颜率说：“君上不必忧虑，我去齐国借兵退敌。”

颜率到了齐国后，对齐王说：“秦国暴虐无道，企图夺取周王室的九鼎，我们君臣思虑后，认为与其将九鼎交给秦国这样的不义之国，不如交给齐国这样的仁义之国。齐王出兵，既能挽救周王室获得美名，又可得到九鼎这样的宝物，希望大王您尽力。”齐王欣然接受，随即派遣五万齐军去救援。秦军见齐军来救，就放弃了对东周君的威逼，撤退了。

齐国帮周王室解除了危机，要求周王室兑现承诺，为此，东周君寝食难安。颜率再次表示，由他来解决问题。颜率到了齐国后，先发表了一通对齐国援救周王室的感谢之辞，接着问齐王：“我们打算把九鼎交给您，不知您准备走哪条路呢？”

齐王说：“我准备借道梁国（即魏国，因其都城在大梁，故名）。”

颜率回答说：“恐怕不行，梁国君臣早就想夺取九鼎，他们在晖台和少海等地方谋划了很久。九鼎一旦进入梁国领土，恐怕您就不可得了。”

齐王说：“那我改道楚国。”

颜率说：“这恐怕也行不通。楚国对九鼎早就垂涎欲滴，他们在叶庭专门建立了夺取九鼎的机构。九鼎一旦进入楚地，想也别想它能再出来。”

齐王说：“那我怎样才能把九鼎搬到齐国来呢？请先生指教。”

颜率说：“这个我早就替大王您思虑过了。九鼎是国家重器，不是装醋和酱的瓶瓶罐罐，拎着就走了。当初周武王灭商，搬运一只鼎回都城就动用了 9 万人，搬用九鼎则动用了 81 万人。士兵、工匠和杂役的消耗，多得不可计数。这也是我为大王您考虑的地方。”

齐王想了想，最后只得放弃。

古人云，“名不正，则言不顺”。齐国一旦获得九鼎，就有了天命这个号令，齐王当然迫切地想得到九鼎。但是颜率却不断提高搬运九鼎的门槛，大大增加搬运成本，使齐王知难而退。

齐王很清楚，九鼎只是一种象征，不需要动用那么多人马搬运，但是齐和东周故地不接壤，搬运九鼎必须向他国借道，这势必会遭到他国的反对，甚至是为他人做嫁衣裳。周王室虽已极为衰微，但是还没到彻底消亡的时候，齐王只能放弃。在这个过程中，颜率巧妙地采用提高门槛的办法，使得齐王意识到办成这件事几乎没有可能性。

平王东迁后，诸侯日渐崛起，周天子直接管理的地盘越来越小。即便如此，周王室仍然持续了500多年。这一方面依赖于诸侯们还需要天子的名号，另一方面也因周王室有颜率这样的贤才。颜率料事于未行之先，一席话挽救国家于水火，堪称团体中的话术天才。

高招六：

洞悉人性，提防“馅饼”背后的陷阱

——南文子

香饵之下，往往有钓钩。当别人无缘无故突然对你大献殷勤时，可就要小心了。

《战国策》中记录了这么一件事：

智伯欲伐卫，遗卫君野马四百，白璧一。卫君大悦。君臣皆贺，南文子有忧色。卫君曰："大国大欢，而子有忧色何？"文子曰："无功之赏，无力之礼，不可不察也。野马四百，白璧一，此小国之礼，而大国致之，君其图之。"卫君以其言告边境。智伯果起兵而袭卫，至境而反，曰："卫有贤人，先知吾谋也。"

智伯欲袭卫，乃佯亡其太子，使奔卫。南文子曰："太子颜，君子也，甚爱而有宠，非有大罪而亡，必有故。"使人迎之于境，曰："车过五乘，慎勿纳也。"智伯闻之，乃止。

智伯，就是智襄子，晋国的执政官。晋国是个大国，自从晋文公称霸天下后，晋襄公、晋景公、晋厉公、晋悼公四代君主，维持了百年的霸业。无论是秦国，还是楚国、齐国，都不是晋国的对手。晋国三次击败楚国，三次击败秦国，齐国只被教训了一次，就再也不敢和晋国争锋了。清代史学家全祖望认为，春秋五霸，齐桓公、晋文公是实至名归，另外三个都是充数的，应该用晋国三君（襄公、景公、悼公）替代。

晋国如此之强，与它有很多优秀的政治人才有关，智襄子就是其中之一。他想吞并卫国，便使出了"将欲取之，必先予之"

的老套路。他派人送给卫国君主400匹野马和一块上等的由白玉雕琢成的璧。

收到这样丰厚的礼物，卫国国君高兴得不得了，大臣们也高兴得纷纷向国君祝贺，只有大臣南文子愁眉不展。他对国君说："未曾有功劳而得到赏赐，没有花力气就获得礼物，不能不郑重对待。400匹野马（未经驯化的马）和一块白璧，如果小国送给大国还合理，如果大国送给小国可未必是好事啊，您还是好好考虑一下。"

卫国国君认为南文子说得有道理，因而派出将领率军队在边界上做好防御。智伯本以为卫国收了礼物，会对晋国产生信赖而麻痹大意，没想到偷袭的晋军到了边境，就发现卫国严阵以待。智伯叹息着说："晋国有高人呀，识破了我的计策。"于是，只好撤军回去。

智伯退兵后，依旧对卫国不死心。他又想出一条计谋，假装驱逐本国的太子，让他逃亡到卫国。

南文子得知晋国太子来奔的情报后，对国君说："晋国的太子颜，那是一个君子，智伯对他爱戴且崇敬。太子没有犯下大罪，为什么突然逃亡呢？只怕其中有蹊跷……"

卫国国君认为南文子的话有道理，便让他负责晋国太子的事。南文子便让本国的将军们在边境严加警戒，如果太子是一个人逃来的就收留他，如果兵车超过五辆就要谨慎对待。果然，晋国太子身后跟着的兵车不少，被卫国人拒绝入境，只好又回去了。智伯得知后，知道自己的计策又被识破了，从此放弃了灭卫的打算。

著名的贤人吴国公子季札访问列国，经过卫国时，先后与卫国的贵族蘧瑗、史狗、史鳅、公子荆、公叔发、公子朝等交流，事后感叹道：“卫多君子，未有患也！”

到了战国时期，卫国成了一个末流国家，却能在大国争雄、风雨飘摇之中屹立不倒。秦灭六国时，似乎把奄奄一息的卫国给忘了。直到秦二世时，他才将卫国国君废为庶人。卫国也成了周代分封诸侯中国祚最长的国家。

“卫国多君子”，就连孔子也发出这样的感叹，南文子大概就属于这一类。

那么，南文子是如何识破智伯的阴谋的呢？他洞悉人性。没有白送的礼物，天上不会掉馅饼，这是古来的真理。香饵之下，往往有钓钩。

作为一个老牌政治家，南文子很清楚，像晋国那样的大国，根本不会放低身段去结交卫国这样的小国。

洞悉人性的人，是真正的智者。现代商业竞争也是如此，它考验的是人性。有了智者领航，胜负在没有开战时就已经决出来了。

高招七：

建立功业，也要洞察人情——田忌

不要对任何人有过度的期待，人走茶凉才是人际关系的常态。

我们看历史人物，往往只看到他们的成功，而很少关注其失败之处。对于创业者而言，成功固然重要，失败者的经历也不可忽视，因为那是反面教材。

田忌是战国时期齐国的大将，贵族出身，平时喜欢和贵族及齐威王本人赛马。当时赛马的规则是这样的：每个人的马分为上、中、下三等，比赛时上等对上等、中等对中等、下等对下等。齐威王身为一国之君，其拥有的同等级马匹肯定优于其他人，故而每次与田忌赛马，田忌必输。

当时孙膑受同学庞涓迫害，落魄流亡于齐国。他在赛马场上看到这种情况后，便建议田忌用下等马充当炮灰与齐威王的上等马比赛（输一局），然后用上等马与齐威王的中等马比赛（赢一局），最后用中等马与齐威王的下等马比赛（赢一局）。如此两胜一负，田忌最终赢得了比赛。

齐威王十分诧异，往日一直输的田忌居然能赢，便问他原因。田忌当即推荐了孙膑。齐威王大喜，认为孙膑是个奇才，要任命他为将军。孙膑以自己双腿残疾为由，婉拒了齐威王的任命。齐威王就任命他为军师，作为田忌的高级参谋。

公元前 354 年，小霸主魏国进攻赵国，包围了赵国的都城邯郸。赵国派使者向齐国求援，相国邹忌建议不予救援，让魏、赵二国互攻以消耗实力，齐国则作壁上观。

田忌、段干朋则认为应该救援，不救援一则不合道义，二则如果魏国击败赵国，会增强魏国的实力，对齐国不利。

不过，在具体怎么救援的问题上，段干朋提出了更具体的方略。他认为，如果齐国与强大的魏军硬碰硬，未必是对手，就算打得过，自身也会损失很大。不如等魏国攻破了赵国的都城邯郸，到时候赵国被削弱，魏军也损耗严重，齐国再出手，不但降低了取胜难度，而且会令赵国更加感激齐国帮其夺回首都。齐威王认为他说得有道理，便采纳了这个建议。接下来，就轮到田忌和孙膑大展身手了。

公元前353年，赵国都城邯郸被魏军拿下，赵王出逃。此时，田忌和孙膑率领的大军也到了齐魏两国的边境。当时魏国大将庞涓正率领8万大军进击卫国，田忌决定立刻与之作战。

孙膑认为，魏国自从变法以来，军力强盛，“魏武卒”战力强悍，不可小觑，不如直接攻击魏国的都城大梁。这样一来，魏军必定撤离赵国，救援自己的都城，齐军在半路设伏，以逸待劳，魏军必败。

这就是著名的“围魏救赵”的战术。魏惠王得知齐军向都城杀来，立刻派使者召庞涓回援。田忌和孙膑在桂陵设下伏击圈，一举击败魏军，并俘虏了庞涓。

桂陵之战，魏军虽败，但是占领赵国的主力军并未遭受损失。

一年后，经过楚国的居中调停，占领邯郸的魏军撤出。魏惠王与赵成侯谈和，并释放了庞涓。桂陵之战的失败，并未打消魏惠王称霸的野心。公元前342年，魏军进攻邻国韩国，韩国只得向齐国求救。这次田忌从“围魏救赵”中学到了经验，建议齐威王等魏、韩互相血拼得差不多了再发兵。因此，齐国虽然答应了救韩，但发出的援兵却走得很慢。再说韩国得到了齐国的承诺，虽然屡战屡败，但依旧拼力抵抗，对魏军造成很大创伤。

田忌照抄了前一次的作业，仍旧率军进攻魏国都城大梁。相同的战术，相同的味道，庞涓简直快要被气死了。

不过，庞涓身为一军之将，上了一次当，未必会上第二次当。

为了让庞涓上当，孙膑建议田忌采用“减灶法”：第一天让后勤制造出有十万人起灶做饭的假象，第二天只有五万人，第三天则只留下三万人。魏军的斥候将一路探查到的情报上报给庞涓，这令庞涓大喜。因为齐军在外一向有“怯战”的名声，这次面对庞涓率领的主力大军，从留下的后勤支持痕迹来看，士兵已逃亡大半。为了一雪桂陵之战失败的耻辱，庞涓丢下步兵，率领精锐骑兵向齐军奔袭而来。

马陵地形狭窄，两旁多险阻，士兵无法作战，孙膑估计天黑时庞涓率领的魏军会到达此处，于是建议在这里设伏。齐军砍伐道路两侧的树木，阻塞道路，并让一万名弓弩手埋伏在两边的林中。

魏军进入马陵后，天色昏暗，庞涓看到有棵大树被剥掉了皮，露出白色，隐隐约约看到上面有字，便命令士兵点燃火把，只见树上写着“庞涓死于此树之下”八个大字。殊不知，这正是孙膑给齐军留下的攻击信号。埋伏在林中的齐军见树下有火炬，立刻万箭齐发，魏军顿时死伤惨重。庞涓见大势已去，便拔剑自杀了。随军作战的魏国太子申也成了俘虏。此战中，魏军损失八万人。魏国从此一蹶不振，沦为二流国家。

此战中齐军胜利，一方面与作战方略得当有关，另一方面也与齐国上下齐心有关，就连“反对派”邹忌也鼎力支持。需要注意的是，身为相国的邹忌与田忌不和，尤其是桂陵之战取胜后，田忌声名鹊起，邹忌更是担心他会取代自己。那么，为何马陵之战中，他会支持呢？这得益于门客公孙闬的建议。公孙闬认为，如果田忌取胜，则作为相国的邹忌也有策划之功；如果田忌战败，败军之将即使不死在战场上，回国之后也会被治罪。这样，邹忌的相国之位就没有威胁了。

作为军师的孙膑，早已看出田忌与邹忌之间的纷争，因而在获胜后问田忌：“将军想做一番大业吗？”

田忌点了点头。

孙膑建议他班师回朝时暂时不要自解兵权，而是留下一部分士兵，就算是老弱残兵也行，把守住军事要冲主地（今山东省淄博市西南）。此处道路逼仄，战车只能一辆一辆地通行，堪称“一夫当关，万夫莫开”。然后，大军背靠泰山，左依济水，右拥高唐，轻军快马直奔都城临淄的雍门。如此一来，田忌在齐国说一，没有人敢说二。邹忌是个聪明人，他肯定会立刻逃离齐国，到时候田忌再回朝就无害了。

田忌认为孙膑的话有些危言耸听，便没当回事儿。再说邹忌本希望田忌战败，谁知这次竟然立下更大的功劳，因而十分恐慌。公孙闬却说，这事好办。他派遣了一个人冒充田忌的属下，大张旗鼓地在市面上找人算命，对占卜的人说："我是大将军田忌的属下，如今将军大破魏军，名震天下，打算图谋大事，请您来占卜吉凶……"问卦的人刚离开，公孙闬就把这个占卜先生抓了起来，并交给了齐威王。如此一来，田忌就有了"谋反"的嫌疑。

此时已交出兵权的田忌得知这一消息后大为恐慌，只好逃奔楚国，孙膑也只能退隐。等到齐宣王上位后，知道田忌当年是被诬陷的，才将他召了回来，但他已年老，再无作为。田忌在其军事生涯中，毫无疑问是出色的将领，但就洞悉人心来说，他是失败的。越是立有大功的将军，在君主时代反而越危险。客观地说，兵法制胜，并不在于斩将夺旗，而在于洞悉人心。孙膑深知君主们的内心世界，纵然你没有异心，但你所拥有的强大行动力和资源调配力本身就是一种威胁，而这一点很容易被敌对者利用。

孙膑建议田忌控制军事要冲，未必是支持其谋反，不过是淘汰掉竞争者。这其实也是一种"赛马"策略。邹忌则深知这一点，赛场上的胜利，未必是跑赢最好的马，只须将最好的马挤出赛场就行了，他还一次性地挤走"两匹"。邹忌连续担任田午、田因齐、田辟彊三代齐王的首席大臣，其政治手腕和对人心的洞悉能力，不可谓不高明。